顿悟的女性

开启理智与情感的双向成长

罗近月——著

台海出版社

图书在版编目（CIP）数据

顿悟的女性：开启理智与情感的双向成长 / 罗近月著. -- 北京：台海出版社，2023.6
ISBN 978-7-5168-3574-6

Ⅰ. ①顿… Ⅱ. ①罗… Ⅲ. ①女性心理学—通俗读物 Ⅳ. ① B844.5-49

中国国家版本馆 CIP 数据核字（2023）第 098756 号

顿悟的女性：开启理智与情感的双向成长

著　　者：罗近月

出 版 人：蔡　旭　　　　封面设计：仙　境
责任编辑：魏　敏

出版发行：台海出版社
地　　址：北京市东城区景山东街 20 号　邮政编码：100009
电　　话：010-64041652（发行，邮购）
传　　真：010-84045799（总编室）
网　　址：www.taimeng.org.cn/thcbs/default.htm
E-mail：thcbs@126.com

经　　销：全国各地新华书店
印　　刷：三河市嘉科万达彩色印刷有限公司
本书如有破损、缺页、装订错误，请与本社联系调换

开　　本：880 毫米 ×1230 毫米　1/32
字　　数：180 千字　　　　印　　张：8.5
版　　次：2023 年 6 月第 1 版　　印　　次：2024 年 9 月第 2 次印刷
书　　号：ISBN 978-7-5168-3574-6

定　　价：59.80 元

无论夜晚如何黑暗，在暗夜的深处，总有亮着的星星。

—— 献给每一位普通却不平凡的女性

推 荐 序

女性成长：一个艰难又充满希望的旅程

在二十余年的心理从业经历中，我发现一个很有意思的现象，那就是：一段关系或是一个家庭中，更愿意去自我成长、自我蜕变的，往往是女性。

近些年，在个案咨询和婚姻家庭课程中，我也越来越发现“女性成长”这个课题的重要性。它可以影响一段关系的走向、一个孩子的成长、一个家庭的幸福指数、一个团体的氛围，甚至也在逐渐影响着整个社会，乃至整个民族。

然而，即便女性成长如此重要，动机如此强烈，她们真正的成长之旅却充满阻碍。传统的家庭观念、固有的社会认知、被忽视的价值认可等因素，都让她们习惯性地压抑自我、否定自我、怀疑自我。

她们需要更多的理解、支持与确认，无论是心理上的、社会层面上的，还是自我意识层面上的。

目前市面上的心理书籍，专门研究女性成长的甚少。我很高兴，罗近月老师能够出版这本《顿悟的女性：开启理智与情感的双向成长》，读完之后，更是十分欣喜。

书中完整地阐释了一个女性的结构性成长历程，从“无性别”的女性到女孩，再到女人、母亲，再到超越女性身份的存在，清晰地揭示了女性成长的全过程。这能够帮助更多迷茫中的女性看清前路，去拥有完整的女性身份，拥抱女性的阴性力量。

在我的咨询师培训课程中，我也发现中国女性面临着很多共同的成长课题。有经历了重男轻女而努力证明自己的女性，有被社会定义而不敢彰显自己个性的女性，还有忽视自我边界不断被剥夺自我价值感的女性…… 很多时候，人们过于崇尚阳性力量、竞争，而忽视了女性天生的感受力、直觉力，她们对情感的需要会被看成一种软弱、无价值的需求，这使很多女性忽略了自己的优势和天赋。

本书对女性成长脉络的梳理和提供的成长方法，与我所使用的合一疗法有着极其相似之处，它能够帮助女性朋友们重新看见自己、活出自己，故此，我也特别推荐这本书在合一疗法的学员中广泛阅读。

几年前，刚认识罗近月老师的时候，就发现她是一位功底深厚、专业精湛的心理学者，又是作家型的心理咨询师，能够把心理知识与生活相结合，深入浅出地传达给大众，这是一件很了不起的事情。

到后来，在共同学习和分享的过程中，又发现她的思想之成熟，处事之睿智；尤其在处理生活和事业的矛盾中，特别凸显女性的智慧。

这本书，不只是一些单纯的成长路径和方法总结，更是罗老师亲身的感悟。她本人，就正如她所写的样子，也是很多女性朋友渴望成为的样子：自信、勇敢、从容、坚定。

我希望更多人，能够通过这本书的启发获得自我理解与觉醒，汲取向上生长的力量，也由衷祝愿所有女性读者活出更丰盛完整的生命！

龚岩

合一疗法创始人

新时代女性心理成长传播大使

2023 年 5 月 31 日于北京

前言

生为女性：看见并活出你的不同

由原路返回他的内心，让自己成为个人反思的对象，他在瞬间把自己提升到新的领域。在现实中，另一个世界诞生了。

——德日进[①]

① 德日进，法国哲学家、地质学家，曾在中国生活20年，参与了周口店“北京人”的发掘工作。

我之所以在一开始引用这位地质学家的名言，是因为写作的过程就像考古挖掘，在找寻、看见、理解和组织的过程中，加深我们对自己、对他人和对这个世界的理解。

这是一本写给女性的书，在写女性的过程中了解女性，也是在理解我自己。

6 年前，我在出版第一本女性书籍时，曾在封底写道：我的写作皆在邀请大家进入一段关于自己的对话，生为女性，你在为什么而活？当这个世界上的人和事让你感觉无力、失望以及不被满足、不被理解时，你会如何面对自己的人生？

6 年后的今天，我又重新回到这个问题，我也在自己的人生中经历了这一切。这注定是一个从“向外求”经历失望，再到“向内找”，最终变成“向内探索”的过程，是一个从繁杂的世界中找到自己的答案的过程，亦是自我清晰和重塑的过程。

这就是女性自我成长之路。一切答案都在你心灵最深处，我们层层挖掘，一次次细微的确认，就是为了靠近和还原内心里的某种真实，再一次以你自己的方式开启人生之路。

过去我认为，当一个女性知道自己要去哪里，只要她沿着这条路往前走就好了，如果这个过程遇到了阻碍，或许是不够努力，或者是自己的主动性没有充分发挥。这时候，我把问题更多地放在单一的个体身上。然而同样是女性，不能忽视的是，人和人之间是不同的，有时候这种差距甚至大如鸿沟。

在实际工作中，许多来访者的经历告诉我：当一位女性可以有更好的情绪调节能力，能够更勇敢、更自在地走进关系，并且可以在社会的价值体系中找到自己存在的意义，表面上看是因为理智和意识功能的充分发展，但与此相对应的是因为她们曾经在体验里得到或经历过某种**“不同的东西”**，这些不同的东西就是其所拥有的**“成长资源”**。

它们可能是你在无意识中经历和获得的，无论如何，你就是有了这些资源，而别人很可能没有。这些资源既可以帮助你走出困境，也可以帮助你更好地看见、理解和照顾自己，还可以帮助你确认自己跟别人的不同，并因此找到一条属于自己的独特道路。

所以，如果你总是可以做一些别人做不到的事，常常不只是你个人的原因，还可能是因为你曾拥有别人没有的资源；同样，如果有人遭遇了比你更惨痛的经历，却能更好地复原，这除了天生的特质差异之外，他还可能有着你没有的成长资源。

比如我做的心理咨询师的工作，需要我在面对变化和不确定时保持冷静，我的来访者才能借由我的稳定获得自我稳定。

我总是想起一个场景：在我 5 岁的时候，因为下雨导致山体滑坡，我站在自己家里，眼看着屋前的地坝在距离我 1 米远的地方裂开，随即垮塌下坠，安全而结实的地面瞬间变成了一片悬崖。站在我身边的爷爷沉默了片刻，转身把我抱进了屋。

这个场景，每一次想起来都给了我力量。当我还是一个脆弱的小孩时，我的爷爷稳定而慈爱地照顾一个慌乱的我，这份珍贵的“不同”仿佛在我的心里扎下了根，现在的我便可以像我爷爷当年所做的一样，去陪伴我的来访者从慌乱中重获安全。

我的一部分来访者告诉我，他们很愿意去帮助他人，甚至开始通过专业训练走上心理咨询师之路，他们看到我是如何帮助他们的，以及体会过在那些最艰难的时候获得帮助对一个人是如何重要，所以他们深信这份工作的巨大价值。

这些例子只是小的缩影。可能也有人会想，要是我的成长经历非常坎坷，经历了许多痛苦，真没有你所说的“成长资源”该怎么办？是不是就无法获得成长了？

可以确定的是，我们每个人都有自己的成长资源。只是它们常常无声地存在着，以至于我们在很多时候都将注意力放在问题上了，忽视了资源，还有可能我们把资源本身当成了问题。看不到，便容易陷入迷茫，没有方向，也找不到路。

我写这本书的第一要务，就是要阐述清楚这些“成长资源”，让更多人可以去识别这些资源，懂得某些问题的出现，是因为缺乏了怎样的资源，也可能正为你带来哪些资源，并让你看到这些由资源组成的结实的树干是如何像我们身体的脊柱一样，贯穿于整个女性的成长历程。

6 年来，我一直在延续对这些问题的好奇与探索，并通过大量的中长程个案咨询，找到一种可以代表女性成长的三层结构，它们分别是情绪层、关系层、社会层，并顺着这三层结构细分出自我成长的六个阶段，以及搭建出成长的核心二元空间和三元动态过程，我把这一整套对女性成长的脉络理解称为**“女性自我成长的三元发展体系”**。

当我找到这个“树状的成长结构”之时，我对女性成长的理解更加清晰了，对于自己人生的经历也有了更多的理解。我还为此开发了一个系列的课程——“女性自我成长核心定位课”，很多学员表示对这个课程内容感到震惊，因为这些清楚的脉络，可以改变女性在面对困境时只见枝叶不见树干的问题。一旦树干得以清晰呈现，我们便可以通过结实的树干结构，去理解发生在自己和他人身上的问题。

我很喜欢约翰·鲍尔比通过早期依恋关系质量对个体后续发展的影响的研究，这是一种非固化的、具有前瞻性的眼光，相当于包含着**同时看到创伤和发展**的两个视角。

在《依恋三部曲》的第二卷《分离》中，鲍尔比不但做了从亚伯拉罕·马斯洛到安娜·弗洛伊德等人对心理障碍的解释“个体的发展在一个和多个路线上出现了一定程度的固着或是退行”，而且看到新的替代模型对研究个体差异的实践中带来的机会。

鲍尔比曾用火车行驶做了一个有意思的比喻。传统模型就是单轨模式，一列火车在一个站点停留得越长，越倾向于在后面的路程中返回曾经停留的站点。

而替代模型认为，一开始大家都在顺着一个方向行驶，很快就会通过不同的交叉路口驶入不同的支线。鲍尔比认为：“不过，尽管很多亚分支与原始路线相距越来越远，但也有很多分支与原始路线汇聚，因而最终个体可能会回到与原始方向相近甚至是平行的路线上来……交叉路口会导致的分歧可能并不巨大，并且在到达下一个交叉路口时仍然还存在让火车驶向汇聚方向的机会。”（鲍尔比，2017，P374）

替代模式给予我们更多的希望，这意味着发展的动力一直都在，重新汇聚的希望也一直都在，只要资源和机会适当，驶入分支的迷茫将有可能被新的选择化解。所以鲍尔比说：“绘制出一个人可能的众多错综复杂的发展路径，是我们未来的全部任务。”

我对于女性成长的看法是二者结合的。我们既要看到一部分以传统的单轨模式运行中的停滞或退行，或缺乏再发展动力，比如一个女性被困在情绪层的水平，要么自我压抑和隔离，要么情绪爆发，几乎很难平稳地进入关系或发展出较好的社会功能；同时又要看到一部分在通过岔路口进入支流之后，仍然抱着希望在每一个岔路口或在将要到达之前，做着与一直在延伸的主干汇聚的努力（并非回到原点）。比如，尽管有些女性在生命的早年没有被好好回应和看见，这可能阻碍了女性拥有较好的关系和社会功能，但是她们在成年之后仍然抱有期待并不断努力，尝试去发展受损的功能。

如果一开始并不具备合适的成长资源，当你重新具备这些资源时，便可以在不同的岔路口重新做出选择。所以，我想尝试着探索没有分岔的路线是怎样的，以及在经历分岔之后，还可以通过哪些助力和经由怎样的资源重回主干，绘制出一幅女性成长地图。

过去我在做个案的时候，当产生了很好的效果，我却不知道发生了什么，我就会把其中的有效因子找出来。当这些原因得到更加清晰的呈现的时候，直觉就变成了一种可复制的经验，我会更加清楚地知道我有什么，我可以做什么，以及将我的经验分享给更多的人。

把这些女性成长的资源凸显出来，也是为了让走过这条路的女性获得自我确认，从自己的经历里获取更多的力量，也可以让一些还未走上这些路的女性，在这条有迹可循的路上找到出口，更安全、更踏实地前行。

我相信让更多的人看见这些资源，无论是对于想要成长的女性，还是对于女性心理工作者，都可以开启一扇新的希望之门，你会知道如何理解自己和其他女性，也会知道该如何帮助自己和他人。

就让我先带你来浏览一下这一整幅地图吧！

第一章《女性成长》，我会陪你一起走进灵魂的暗夜，看到女性经历的苦难，以及女性在成长过程中正在经历的个体和群体的限制，让你对自己以及身处困境中的女性产生更多的共情，避免陷入个人主义的盲区（以个人成就或痛苦为标杆）。

第二章《相信的力量》，我会带你开启希望之旅，尽管每位女性想要穿越的困境都可能像天花板一样坚固，但是每个人的人生里已经有了许多帮助我们走到今天的资源和力量，这些可以帮助我们收获对自己的最基本的信任。

第三章《痛苦中的转化》，我会从选择、限制和绝境三个方面，以及可能会带来的不同变化，让你对自己的经历有更多的理解和接纳，帮助自己在困境里也可以拥有一双望向夜空的眼睛。

第四章《转而向内》，是成长的一个重要的分岔路口，很多人做了许多外在努力，就是为了避免去看见自己，在这一章里，我们会尝试着来为自己松绑，减少一些自我苛责，为自我看见和理解留出空间。

第五章《整合理智与情感》，我会陪你来到人生这条铁路线上，看看不同的火车为何久停站台，又如何不断尝试与主线汇合，如何成功又如何失败。同时，还会邀请你来体会你身上存在的成长的双重动力，看看它们在你的生活中是如何起作用的，又是如何阻碍你前行的。

第六章《我在哪里》，我会清晰地讲述女性自我成长的三层结构，从过往的经历中看见真相，从那些所有尝试汇聚的失败中，看到渴望和努力，也从那些细小分支的成功汇聚体验中，看到信心和希望。可以帮助你减少内耗和自我冲突，开始以接纳和怜悯的眼光看待自己，开始自我疗愈。

第七章《成为人》，我们会更加深刻地去看那些最原始的缺失所形成的依恋模式，是如何影响你的心理底层结构，又如何隐身于你今天的生活。让你可以回头看见自己，好好抱抱自己这个受伤的小孩，并在以后的岁月里都温柔地对待自己。这是在成人世界重新发展出安全基地的基础，之后我们就会出港迎接风浪的洗礼。

第八章《成为女孩》，女孩是一个常常被忽略的存在。俄狄浦斯情结的发展是一个让女性获得新生的中转站，可在实际案例中，我看到很多的女性要么被拦在这个大转盘之外，要么在进入之后很快因为恐惧和挫败而折返。我会用我的经验，为你详细地解剖风浪的原理，让你在经历惊涛骇浪之前，提前在心里有一张航海图，并且提前见识驾驭风浪的场面。

第九章《成为女人》，当风浪平息，我们会走得更远，去靠近一个关于容纳与臣服的主题，这会让女性获得更大的力量。这是一种既可以鼓励女性施展自我力量，又可以选择放下自我力量的整合位置。我希望让你看到，关于女性的力量，远非只有一种选择，女性永远有着自己选择的自由。

第十章《女性超越个人存在的意义》，这是一个抛砖引玉的章节，我们会回到作为一个人活着的核心，并看到女性不同的优势，去探索女性作为一个活生生的人存在的意义。我相信，个人的幸福绝不是女性人生的终点，它只是一个新的起点。我会把我接收到的希望和看到的美好为你呈现，也邀请你去探索“关于你自己”的定义，去继续绘制你新征程的蓝图。

作为一名心理咨询师，我一直对于服务于女性的工作有一种偏好，并且越做越着迷。我看到了很多女性来访者用她们的力量穿越了生活的苦难，打破了关系的阻隔，活成自己尊重和喜欢的样子。

我常常为此深感震撼，她们是如此美好而充满力量，我也从她们身上学到了很多，使我有机会去解码这些变化背后的奥秘，也是时候把这些“成长密码”呈现出来，让更多人从中受益。

到今天，女性心理学的发展已经经历了很多变化。在这本书中，我想让大家看到自己身上成长的动力，把遭遇的许多现实问题纳入女性成长的三层结构，看到依恋模式如何影响女性现有的生活，以及女性是如何在俄狄浦斯情结的大转盘中跌落的，还有从单一的女性角色限制之外看到更多的选择，并使其回到生命的本源，把得到的“不同”以创造的方式去传播或传递。

当这些问题可以被细致地去探讨，可以用温柔的眼光去理解时，我相信那些关于自我攻击或怀疑、不能接纳和理解自己的冲突，就会得到某种程度的平息，女性将有更大的空间去盛放生命中的美好和自由。

写到这里，我想到了我的妈妈。在我的眼里，她是一个活得很焦虑，带着“受害者”情结，在关系里活得很不幸福的女人。在过去的二三十年里，我对她既同情又厌烦，同时我又在默默地做一件事，就是帮她活得更幸福。我曾经在做个人体验时痛哭流涕，我说："我多么希望我的妈妈能活得幸福！"

我想正是因为目睹了她不幸福的生活，让我后来以一种补偿的需要走进这个职业，我希望更多像我妈妈一样的女人可以活得幸福，也希望许多像过去的我一样为妈妈的不幸福而痛心的孩子不用再承受同样的心理重担。

可是，过去我的妈妈很无力，年轻的我不想去看到她的无力。我需要更多的希望，我不想让所有的希望在现实面前如此不堪一击，我害怕看不到未来的路，我更不愿意陷入迷茫和自我怀疑。

那时的我，正处在第一章所讲述的荆棘丛的困境里，凌晨3点独自在窗前遥望夜空，家人都在熟睡，周围一片漆黑，没有人知道我内心的挣扎，没有光可以照到我。

无论夜晚如何黑暗，可在暗夜的深处，总有亮着的星星。也就在30岁的那一晚，当我望着黑暗的夜空，我仿佛找到了后半生的意义，我知道星星总是存在着，无论我能否看到它。

我只能允许妈妈和我以不同的方式去生活，我需要穿越妈妈的痛去触摸我自己的痛。我需要在自己的伤痛中前行，这一次不再为了妈妈，只是为我自己。

我的一位老师曾告诉我说：我感觉你在挖一条地道，它是螺旋形上升的，连接着过去、现在和未来。

是的，我知道那些关于我的重要的宝藏都在地下，就是我所经历的过去。直面我的过去，就是在直面我的人生。我相信于你而言，也一样。

每一段充满伤痛或苦难的经历里，都有着非常重要的资源。

在上天给我安排的剧本里，我用半生走过了一条长长的路，这条路尽管最初不是出自选择，现在却是越来越靠近真实的需要了。

这或许也是我要写这本书的意义所在，我看到了我那个内心缺失的圆正在慢慢变得完整，这不是一种应该，而是一种卸下重担之后的我愿意。

通过我和许多来访的经历，我想说的是，那条从支路重新汇聚到主路的路线或许有很多条，有些缺失的确带来了永远的遗憾和创伤，但也意义非凡，希望每一个正努力“挖地道”的人都不要放弃。

我很愿意陪着你去看到一条从岔道通过汇聚整合出的路在你心里清晰起来，知道如何踮起脚尖去触摸生活里的希望，也从这些故事脚本里去发现你自己的意义所在。

卡伦·霍妮曾说：“我坚定地认为，人既有能力，也有愿望发展他的潜能，并且变得更加优秀。”我深深相信女性与生俱来的潜能，以及内在一直想要变得更好的动力，如果我们给予更多的“看见”，那些失去心理弹性的部分就有可能被重新激活，恢复到可以更好地施展潜能的位置。

女性发展的历程，就像带着某种“攀岩而上”的信念，我们可能因为阻碍被固着在某一块岩石上，也可能通过平行绕过不同的障碍继续往上，还可能因为一时的自我放弃而滑下悬崖，但生活本身具有很好的承接性，我们内在发展的动力和渴望并不会轻易消失。

当今对创伤的科学研究，已经越来越一致地认为，当经历创伤的人接受来自社会充分的支持与心理治疗之后，这些创伤不仅不会给人带来负担和压力，还会让人经历"创伤后的成长"。

这并不是苦难本身带来的意义，正如《生命的探问》的作者维克多·弗兰克尔（2021）曾说："所有的痛苦，都是考验人性的机遇。我们如何应对困难，才能真正体现我们是谁，也能让我们活得更有意义。"（P30）

相信当你敢于走进灵魂的暗夜，来认真地看一看夜空，并借力于这些阻碍你的"问题的岩石"，以它们作为支点去跨越旧有的发展阻碍时，你只会爬得越来越高，变得越来越强！

希望此书可以帮助更多女性清楚地看见经历中的困境和资源，给予更多"养分"滋养自己，活出自己的意义；也期待更多的人能以多元的眼光看待女性，给予女性更多的理解和看见，这个世界将变得更加美好！

目 录

第一部分 痛苦之旅：从荆棘丛中醒来

第一章 女性成长：荆棘丛为何难以穿越

第二部分 希望之旅：点燃生命的星星之火

第二章 相信的力量：当一根锚深深地沉入海底

第三章 痛苦中的转化：不同的路，选择、沉淀与新生

第四章 转而向内：在“应该”前止步，从苛责自己到看见自己

第三部分 冲突之旅：同时抱持着痛苦和希望

第四部分 整合之旅：活出内在的柔软和力量

第一部分

痛苦之旅：从荆棘丛中醒来

如果你还没有找到问题的答案就将痛苦摒弃，那么就会将自我也一同摒弃了。

——卡尔·古斯塔夫·荣格

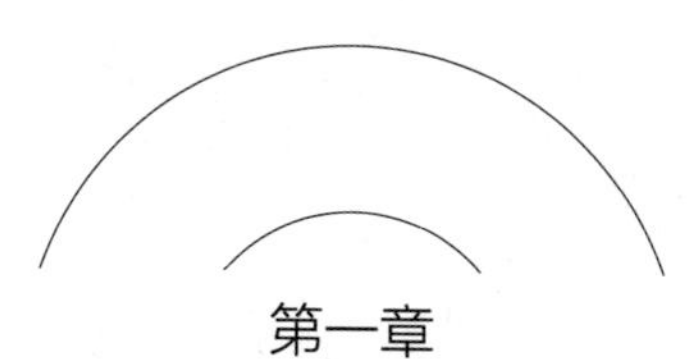

第一章

女性成长：荆棘丛为何难以穿越

每个人内心都有一双眼睛，有时候不愿意睁开是因为不愿面对现实，有时候是为了想得到一些东西。我们可能会问自己一些问题，也可能会避免问自己一些问题。

——一位来访者

先讲一个关于选择的故事。

有一个人睁眼醒来，发现自己的手脚都被捆住，被丢在了一片荆棘丛上。荆棘刺破了他的皮肤，流血的伤口令他疼痛无比。

他将面临选择，是挣扎着离开这里，还是带着被荆棘刺破的伤口继续睡去？

如果离开，旧的伤口会有机会复原，但会有新皮肤被划伤的风险；如果待在原处，荆棘会一直留存在他的伤口中，已有的伤口将无法愈合。

这是每一位在成长伤痛中醒来的女性必须要做出的选择。是每移动一步都要忍受着皮肤被撕裂的剧痛，还是假装没事一样闭上眼睛？

当从痛苦的荆棘丛中醒来，你就必须要做出选择。这是一个艰难的选择，比我们想象中的还要艰难。

我的一位来访者说："每个人内心都有一双眼睛，有时候不愿意睁开是因为不愿面对现实，有时候是为了想得到一些东西。"

你想要得到什么，你又不愿意看到什么，这最终决定着你会做出何种选择。

每一位女性都有自己的故事和伤痛，也有做出自己不同选择的权利和自由，是你内心的渴望决定了你现在的位置和将要去的地方。

所以，有的人在痛苦中闭上了双眼，有的人正准备开始自己的荆棘之旅，有的人已经穿越或正在穿越荆棘丛。

那么，女性成长要穿越一片怎样的荆棘丛呢？

一、外在的困境：我要做到怎样才算足够好

在谈到外在困境之前，我们要先问一个问题，何为女性？

每一个女性在性别上都是一样的，但是因为成长在不同的家庭和环境中，所面临的眼光、评判和被寄予的期待可能完全不同。

女性所面临的外在困境，就是她所处的社会环境如何看待她这一女性的角色。

在20世纪，著名的女权主义者西蒙娜·德·伏波娃（1997）在《第二性》中写道："男性相信他的身体同世界的关

系是直接的、正常的，认为他的认识是客观的，同时却认为女人的身体是障碍和禁锢，处在它所特有的东西的重压之下。亚里士多德曾说，女性之所以是女性，是因为她缺乏了某种特质，我们应该看到，女性的本性先天就有缺陷，因此在折磨着她。圣·托马斯则说女人是不健全的人，是附属的人。《创世记》对此有一个象征性的说法是，夏娃是用亚当的‘一根多余的肋骨’做成的。”（P9）

而现代性别研究学者肖邵明（2021）则这么概括女性的发展：“‘他者’是女性主义哲学的重要概念，具有历史的、现实的、社会的意义，是女性的性别认知、体验、认同过程中绕不过的重要范畴。‘他者女性’经过‘主体转向’，呈现了性别的绝对差异，以及其内涵从不平等到平等，从不自由到自由的发展历程，明晰了女性的主体地位及其应有的自由、平等和解放的权利。”

无论是西方的女权运动，还是中国女性过去摆脱“三从四德”“裹小脚”“男尊女卑”等极端的传统，都在经历一种从社会眼光、男性眼光来审视和评判女性到女性开始确认自己主体性的过程。

然而，要跳出他者的眼光，绝不是容易的事情，这首先需要女性有被理解和被支持的位置。

高级荣格心理分析学者克拉利萨·品卡罗·埃斯蒂斯说：“当我们与本能的心灵失去联系时，我们生活在一个半毁灭的状态，女性的自然形象和力量不能完全发展。当一个女人的基本来源被切断时，她就会被孤立，她的直觉和自然生命周期也会被文化、智力或自我所淹没——一个人自己或属于他人。她的本能和自然的生命周期被文化，智力或自我——一个人自己的或属于他人的人——所丢失和包含。”（埃斯蒂斯，1992）

有一位女性来访者跟我描述过一个场景，人到中年的她是一个事业单位的外聘员工，领着不多的薪水。每次家族聚餐，都会被家里最有声望的长辈当着一大桌亲戚的面批评。没有人替她说话，她也敢怒不敢言，一方面她没有拿得出手的成绩去反击，另一方面内心又对“不成功”的自己多了一分厌恶。

是不是一个女性活出了自己的社会价值，她就可以获得更多的自我确认，并感觉内心踏实和安全了呢？

有一位在28岁就凭借出色的专业能力做到高管的女性告诉我：“我做到了别人眼里所谓的优秀，可我内心瞧不起那些拎不清的女性，我对自己女性的性别并不认同，实际上我也瞧不上我自己。我父亲也经常讽刺我，别看你现在做领导就有什么了不起。”

纽约大学心理学教授、社会和组织心理学家玛德琳·海尔曼是性别偏见研究的领军人之一。他的研究表明，尽管女性在工作中取得了令人难以置信的进步，但她在研究中所看到女性面对的眼光并没有发生太大的变化。

海尔曼认为：“因为做到职场中最有声望和地位最高的职位

所需要的品质，往往与传统中所认为的女性该有的特质不符合，所以女性在职场上的很多上进表现本身就是不被鼓励的。如果女性没有做好那些传统认为‘女人该做的事’，那她就会被社会指责，如果他们只做那些传统认为的‘女人该做的事’，他们的价值又很难被完全肯定。”（海尔曼，1995）

海尔曼教授说：“社会或者人们对女性的期待，即‘做女人该做的事’，但是当女性真的按照传统期待的那样去做了，即使做得很好，很成功，我们也不会像关注男性的成功那样关注她们的成功，也不会像记住男人那样准确地记住她们，并把她们的成功解释为不是因为她们的能力强，而是也许有人帮助了她们，或者任务比看上去容易。”

这就好比无论你怎么做，女性都更难得到十分确定的肯定。并且还有一个两难的选择，如果你想要获得成功和价值，那么你不够有女性特质的这一点就会被否定，当然如果你足够像个传统女性，那么你难以发展的个人价值将成为被攻击的弱点。

一开始，作为一个女性想要迎合所处的社会环境的动力会非常足，我们都会不可避免地先活成“他者”，但慢慢地就会感觉到很多的不对劲，想要做好的动力开始减退，开始有很多的内心矛盾和冲突。

比如，你可能会对这些感觉并不陌生：

我总是不知道应该怎么办，常常不知道怎么做才是好的；

我有时感觉自己很厉害，有时又觉得自己一无是处；

我有时想要为自己考虑更多，有时又觉得自己太自私了；

我在关系里总是不被看见，沟通和争吵也没用，对关系既失望又无力；

我想要更成功，可又总想退缩和逃避，好多想法都无法实现；

我想要实现自我价值，可又不够自律，生活懒散，缺乏干劲；

我知道我应该做得更好，可我又时常痛恨自己，感觉自己很糟糕。

千万不要觉得这只是一个“失败”的女性才有的感觉，这种困境普遍存在于每一位普通女性身上。同时，这些问题不仅存在于我们自己身上，也很大可能存在于我们的母亲或孩子身上。

我至少有 80% 的女性来访者会在第一次咨询时关注一个问题：我怎么做才是对的？我应该如何选择才好？也有至少一半的女性存在着不同程度的自我攻击，要找到攻击自己的理由太容易了，我们去看看和听听身边那些评价的声音就足够了。

有一位来访者说，她在过年前刚做完一个手术，出院回家当天下午，老公就带着孩子回老家了。在大年三十的早上，她接到了公公从老家打来的电话，不仅没有关心她身体怎样，还要求她必须回家团聚。即便她不被当成一个人看，她还会被要求去做到一个好儿媳的形象。

还有一位遭遇先生出轨的女性，其家人总是各种撮合他俩在一起聚会，要求她先生去为她做这做那，并以此认为他既然已经认错到这种份儿上了，她就不能再折腾了，应该尽早选择原谅。

可这是她自己的家人啊，他们看起来丝毫不关心她受到的伤害。在她选择做咨询时，她也并不十分关注自己经受的创伤，而是会问：我要如何修复我和先生的感情？

而从外在的环境来看，鲜有真正去理解女性的声音，更多声音在说“你要独立自信，你要更爱你自己，你要接纳自己，你要更勇敢和强大起来”，这些声音听起来虽然没错，却为女性增添了许多“做不到”的焦虑和羞耻。

从内在来看，如果遭受太多忽略的眼光和评判，女性也很难做到在重重的压力之下支持自己，也可能会自我攻击和怀疑：是不是我真的不够好？是不是还有更好的选择？是不是我太自私了？

这导致很多女性虽然对自己的遭遇感到不满，对外在的评价体系感到不公，但同时她们在不知不觉地迎合这些体系，不断要求自己做到更好。

而艰难地迈过许多阻碍的女性，为了获得“绝对的安全”，也会用自我防御来跟“底层的女性”划清界限：是你们没有成长，是你们不够好！至少我做到了，我跟你们是不一样的！

这个困住一代代女性的困境就是：女性一出生，就被放在了一个努力证明自己存在价值的输送带上，被外在的眼光和评价裹挟着去做努力。

并且，几乎所有的女性都存在比男性更多的自我矛盾和冲突，她们总是更多地权衡和反思，试图做出更好、更兼顾、更完美的选择，以代替去发展自己真正的价值，也不觉得自己是重要的。

这些外在的评价、期望的声音无处不在，以至于我们在一段时间内都误以为只要不断努力，这就是一条充满希望的路，却很难看到这些声音是如何制造无边的焦虑，裹挟着自己走上一条自我背离的路。

我们为了安全，为了别人的认可、肯定和爱，疲于奔命。我们怕自己是没用的、麻烦的、遭人嫌弃的，因为不安全，所以要不断努力。然而努力迎合他人眼光的结果就是“你总是还可以做得更好”，“你是不重要的，怎么做都是不重要的”。

肖邵明认为，根据拉康的精神分析，女性会纳入父性谱系，与母亲一起争夺父亲的宠爱，成为男性谱系中的“他者”，淹没于男性谱系之中。与此同时，从社会性别的塑造过程来看，女性不仅通过衣着这个重要的社会符号，而且通过在命名、劳动、游戏、交往、阅读、娱乐等实践活动中，建构不同于男性角色的女性角色。（肖邵明，2021）

这意味着，女性对自己身份和角色的理解，一开始是由社会和环境决定的，必须在荆棘丛中带着“希望”前行一段旅程，在伤痕累累之后才会迷途知返，穿越僵化的外在定义，重新寻找自己要走的路。

二、内在的困境：我是谁，我要成为谁

荆棘丛穿越的过程，总会经历一个阶段，你发现走得越远，困难越多，荆棘越密。

你开始怀疑，开始感觉到伤口的疼痛，开始认真审视你正在走的这条路，看着自己与一个个希望擦肩而过，前面是望不到尽头的荆棘丛。

那些靠努力建立起来的“安全堡垒”，终究会在某一刻土崩瓦解，你努力去塑造的、得到的、维护的，却在一个个失去。前面除了荆棘，没有路了。

我在前面提到的那位 28 岁就已经升任企业高管的女性，从在外界的评价标准来看，她已经完成了全垒打，但她的处境并未因此改变。

她说：“我为公司奉献这么多年，可我要离开时根本没有人在意；我很疲惫了，希望我的父母可以帮助我，可他们眼里只有自己的需要；我在家里忙得要死要活，我的先生还可以天天应酬，打球，爬山，逍遥快活；我的高收入必须优先考虑家庭，对自己总是精打细算，而先生却可以随意给他自己买最好的东

西；我带着孩子玩了整个下午，精力全花在他身上，还带他吃了他喜欢的快餐，孩子却说他过得很不开心。”

“崩溃就在那一瞬间，我尽全力做到了所有我应该做好的事情，可是没有人看见，更没有人认可我。”

还有另外一位来访者告诉我：“我比我母亲幸运的地方就在于我一开始就生了一个男孩，这让我更有机会看到真相，那些外界的评价标准一直都在，并不会因为你做到什么而改变。而我母亲一辈子可能都会把自己的不幸归因于她没有生出一个男孩。”

然而，并非所有人都像她们一样有机会对现实失望，会一直以为：我只要做到怎样，我的生活就会不一样。

实际上，无论女性是否取得某种外在的成功，内心都在经历一些类似的感觉。那些我们一直在感受的，内心从未平息的恐慌和战争，才是我们应该关注的重点。

在很多寻求心理咨询的女性中，自我攻击、否定和怀疑非常普遍，她们善良、正直、慈爱、友善，等着被认可、被肯定、被善待，但最终遭遇同样的失望。

曾经，在一次聚会时，一个男性公司老板得知我是心理咨询师，他便不断跟我强调“心理咨询就是算命”，在我做过两轮解释之后，我发现他根本不在意我说了什么，他只想把他的观点灌输给我，那一刻我便选择了沉默。

面对这些极其自信的声音，我对自己说：“好吧，我选择放弃！对于一个没有想过了解你的人，就不用再浪费时间了。”

但对于很多女性来说，会觉得：“这是可以的吗？我可以不用理会那些不友好、不友善、不尊重的声音吗？这会不会显得不太合群？”

《与狼共奔的女人》的作者克拉利萨·品卡罗·埃斯蒂斯（1992）说：“女人不是用来被无意识文化雕刻成社会需要的样子的，也不是用自认为是权威的要求来塑造被权威接受的形象。女性真正的精神实质，要么被忽视，要么被过度驯化所掩埋，要么被周围的文化所取缔，要么不再被理解。”（P7）

被忽视、被驯化、不再被理解，甚至是被攻击，这是女性经常遭遇的对待。就像一叶孤舟在风浪中颠簸前行，如果风浪太大，且没有任何支撑的话，那孤舟很可能在巨大的压力之下返航，或者面临被海浪掀翻的危险。即便暂时穿越了风浪，如果前面的路是迷茫且未知的，也同样会让女性感到害怕。

当你突破了某些外界的阻碍，一下子掀开外界标准，真正面对自己，你可能会不知道自己是谁。当我们第一次认真看向自己，问自己要什么的时候，我们于自己就像一个陌生人。

曾经把太多的注意力花在应对外在的压力，必然没有空间来体会内心正在经历什么。当没有了外在的压力，获得了更多的自由，却陷入更深的迷失，这意味着你真正开始进入荆棘丛的核心地带。

自由是一副更重的担子，当你努力爬过一座座现实的山头，才发现还有一座真正的大山在等着你攀登，就是你内心的这座山峰。看见并面对这座内心的山峰，你就开始了跟自己重逢的过程。

然而，内心真正的山峰常常是看不见的，也会让人总想要逃避，一路上同样荆棘遍布，稍不注意又会跌入另一个大坑。

缺乏身份认同，自我冲突和内耗，关系冲突，无助、缺乏力量，害怕竞争，这些荆棘丛一个个挡在我们的前面，显然不是只用面对外界眼光的努力就可以改变的。

你会在不断的自我冲突和矛盾中跟自己做斗争，面对许多关于自己的灵魂拷问，去冒险、去选择、去收获、去承担责任、去付出代价、去成为自己人生的女王，这注定是一条孤独的路，也是一条意义非凡的路。

三、固着的阻碍：痛苦中的希望 vs 绝望中的自由

即便有时候我们不再去追寻那些外在的东西，但面对内在之路，你可能并不知道自己往哪里去，这条探险之路没有明确的起点和终点，如果没有一个向导或者地图，那将很难在探险中成就你的“英雄之旅”。

相比之下，那些现实里看得见摸得着的山头，既让人痛苦也充满希望，而那些看不见的山头，看似自由，也会让人因为不安而绝望。

所以大多数人会一边渴望自由，一边排斥自由，一边想离开痛苦，一边选择痛苦。所谓成长，就是在现实和感觉的世界里交织前行，进进退退，你可能会往前走一段路，又会回到安全地带寻找希望，等蓄积一些力量，又带着安全的体验继续冒险。

接下来，我们就来认识一下成长路上不同的脚步吧！

1. 进取：要有很多的爱或价值

如果你的内在渴望强烈一点，你总会给自己找一座山爬。并且这座山怎么也爬不完，你需要一直在这座大山中，带着无限的希望，去追求无止境的爱或价值。

追求爱的人和追求价值的人，其实是两类人。追求爱的人，会觉得我如果被爱，特别是找到一个有力量的人爱我，仿佛就获得了某种价值确认；而追求价值的人，大多会回避情绪和情感，认为情感是不重要的，只有努力获得成功才有价值。

无论如何，带着这两种追求的人会非常有干劲，我们会从他们身上看到蓬勃进取的动力，无论是获得一段关系还是得到一个新职位。

2. 后撤：自我否定和怀疑

如果在第一种进取失败后，很多人会从否定和怀疑中找位置。这种撤销自我力量的方式，是最不费劲平息内在冲突的方式。

如果是我不好，那一切就还有希望，这意味着如果有一天我做得足够好，我还有可能重新得到。后撤便保存了从社会评价体系中获得认可的希望。

我有一位来访者有着很不错的专业能力，可是每当她做出一些新尝试时，她会感到非常不安，会反复琢磨自己做得如何不对，把自己想得特别糟糕。我们曾经形容这是她的“安全城堡”。

当她躲进去否定和攻击自己，被自己的“乱箭”射杀一通，甚至抽自己两耳光时，她的内心就获得了安宁。当她这样做的时候，那些内在未经确认是否能做好的兴奋会被置换成不安，所以她便没有了继续展现自己的动力。

3. 内耗：长期身体或精神疲惫

有一部分人总是在两端摇摆和纠结，这是冲突的活现期，在长时间陷入内耗之后，有一个外在动力平息的状态，就进入了冲突的静止期。

既无法轻易摆脱，也无法离开希望存在，这时会一边继续着以前的行为模式，又一边觉得这样的模式是没有希望的。

想往前走却没有地图和导航，信心和希望会被一个又一个的生活巨浪拍下，后退也很痛苦，因为明知那里已经没有希望。

这是面临外在和内在的双重困境，导致反复的滑坡和跌倒；

而反复的跌倒，会让人无法看清真相，像一头焦虑的驴子拉着沉重的磨盘转圈。

如果生活只剩下无聊的重复，不再有希望注入，人就很容易感到身体和精神的疲惫，比如有的人会说，我什么都不做，但是我感觉自己特别累。

4. 自我麻痹：用外在限制淹没内在的声音

如果说自我撤销是一种内在限制的话，接下来我要讲另一种类似于借助于外在限制来进行的自我麻痹。和直接面临的外在困境不同的是，我们很少对这些限制有觉知，我们几乎完全认同这些声音，并利用这些限制来麻痹自己。

为了安全，我们其实很擅长自我设限，比如：

社会眼光的限制。不可否认，社会对女性有很多的眼光，比如你要平衡事业和家庭，你不能太强势，你不能太依赖，等等，这些眼光有很多，但是你最在意什么呢？

你总会格外重视某一些眼光而忽略另一些眼光，那你所选择和在意的，往往就是在现在这个位置对你最“有用”的。

与其说我们被这些眼光困住，不如说我们选择这些限制来给到自己安全。

比如，当我看到我的一些拼命工作的女性来访者时，我知道她们把自己投入工作当中，可以避免看见过去的经历带给她们的伤痛。

当她们还没有准备好面对的时候，用工作来麻痹自己就是最好的方式。

女性道德感的限制。有一位女性，每次跟先生通话都会嘘寒问暖，显然这不是因为她有多愿意做这件事。我问她："如果不这样，在你的心里会发生什么？"

她说："我简直不敢想象，这不是女性该做的吗？如果不这样的话，他一定会说我不关心他，然后我们的关系就会破裂。"

尽管这些自我评价跟她的成长经历有关，但至少她知道这样做时，她对于关系的感觉就是安全的。

当她每一次嘘寒问暖时，我就会感觉到她尽到了一个妻子该尽的责任，关系在她自己的感觉里就会很踏实。相反，如果她不这么做，她就会面临内心巨大的不安，那么她到底要如何靠近她的先生，她并不清楚。

所以，她会坚持认为，作为一个妻子，就应该对丈夫嘘寒问暖，以此来避免看到自己面对关系的经验空白和无力。

家庭惯性的限制。有很多做心理咨询的女性，都会受到丈夫或者父母的反对。因为当女性变得更有意识之后，他们的家人便会觉得咨询扰乱了他们家庭的"正常秩序"。

家庭治疗专家哈丽特·勒纳说过：如果你的尝试和改变速度过快，周围的人就会大声地要求你变回来，最终这种尝试就变成一个自暴自弃的过程。

实际上，我们常常忽略一点，这种有人限制的自暴自弃，比没有限制的自暴自弃更容易让人接受。

许多女性生存的家庭，已经有很多代的传统，比如女性可以被打被骂，女性不能反抗男性，女性应该以家庭和谐为重。这些限制可能既让他们受到伤害又让她们感到安全，特别是在成长资源缺乏的情况下。

我有一个自己创业的女性来访者，她的事业做得很成功，她曾经对父母有很多的不满和怨恨，后来她的父母改变了很多，对她的要求也不像过去那样严苛了。虽然她对父母的抱怨也减少了，却陷入新的迷失，她说：

“我甚至特别想回到那些父母对我有期待的日子，虽然痛苦，但至少我是有动力的，当我做出成绩我知道他们是认可的；现在他们不再要求我了，我却失去了动力，我无法做出成绩给自己看，我找不到自己的方向。”

这是她找寻自己需要经历的过程，也是内在安全的需要，我们都渴望自由，可是自由又让人感觉缺乏归属感。

任何的成长突破都离不开水滴石穿的过程，当你想要改变什么，潜意识就会选择让现实帮你跌回原地，然后等你感觉安全一些又会重新出发。**这种对安全的需要，会伴随我们成长的整个过程。**

所以，我们成长的脚步不是一蹴而就的，总是进进退退，迂回反复，只有先了解这个过程，才不会被途中的困难吓倒，不会轻易选择放弃。

四、亲爱的女性，你到底在找寻什么

前面我们谈到了外在困境、内在困境和固着的阻碍，聚焦外在的困境会阻碍我们看到真正的内在困境，而面对内在的困境时，我们又可能从进取、撤退、冲突以及限制中获得暂时的内心平衡，让自己不去看到真正的问题。

所以，难以穿越荆棘丛的原因，除了外在困境、内在困境和固着的阻碍，决定着成长的过程没有直线，而是呈曲线前进的。

那么，洋葱剥到最后一层，作为女性成长的发展谱系，到底在找寻什么呢？这在心理意义上又代表什么呢？

首先，我们可能不想看到却又不得不看到的是，传统文化带给女性的创伤，如何影响着一代又一代的人。

比如我是“80 后”，我的母亲是“60 后”，那时候男尊女卑的观念是如此深刻，作为女性，我的妈妈一生也没办法离开焦虑，她需要不断努力证明自己作为一个女性是有用的，是值得存在的，这种模式她从小带到现在，而我也不得不接受焦虑是我的情绪背景板里的一部分。

我也无数次从我来访者的嘴里听到这句话：“我不能停下来，停下来就不能活，我怕自己不再有用，是多余的。”很多时候，女性努力获取关系、成就和认可，不过是为了填补一些内心缺失的安全感。

在我们感觉不够安全的时候，就会一直活在恐慌和焦虑里，无法看见关系，也不能从关系里获得快乐和滋养，那么我们便没有源源不断的精力去创造，去绽放女性本来的生命活力。

对女性而言，最重要的无非就是这3层需要：

第一层：安全的需要——我很重要，我值得存在，我可以理解、接纳和照顾自己；

第二层：联结的需要——我能感觉到与他人的联结，我可以爱与被爱，我有可以信任的关系；

第三层：创造的需要——我可以按自己的方式生活，可以做决定和冒险，可以创造独特的人生价值。

这3层需要就构成我的女性成长体系的核心结构（情绪层－关系层－社会层）的需要。安全的需要对应的是情绪层的需要，联结的需要对应的是关系层的需要，创造的需要对应的是社会层的需要。

虽然这些需要无论在哪个阶段都重要，但是在不同的阶段它们占比是不一样的，在上一个阶段占据中心位置的需要到了下一个阶段就可能换成另一种。

就像马斯洛的需求层次理论和埃里克森的生命发展周期论一样，我们会优先被更匮乏的需要吸引，安全、连接和创造便构成了 3 个层次，当前一个层次的需求不再匮乏时，下一个层次的需要才会占据更中心的位置。

从 20 世纪以来，以卡伦·霍妮为先驱的女性心理学家们，已经开始把女性作为独立的研究对象，通过女性视角来研究个体的发展和人格。

卡伦·霍妮认为，“社会环境是女性行为的原因”；人际精神分析家克拉拉·汤普森认为，“关系在女性个体的发展中具有核心地位，女性要根据自己的优势来界定自己”（弗雷格 & 法迪曼，2021，P149）。

而南希·乔多罗认为，“男性的发展模型是分离—个体化模型，女性的发展模型是关系—联结模型”；卡罗尔·吉利根也提出女性的道德发展模型，女性会更在乎自己带给他人的影响，在做决策时也不例外；韦尔斯利学院的斯通中心创始人珍·贝克·米勒于 1976 年提出的关系文化理论（文化、关系、成长路径），强调女性的关系质量与交往活动能够促进她们健康发展与成长，保持对差异的理解和共情，是促进个体成长与关系发展的最好方法（弗雷格 & 法迪曼，P150–155）。

在这些理论中，我们可以看到女性所经历的困境首先是受到文化情境的影响，如果在一个特定的文化中，女性权利低于男性，那么女性通常需要适应这种不平等的、没有实质交流的关系（P152）。这时候，作为女性会感觉到自己是不重要的，对周围的关系缺乏影响力，尽管如此，女性也需要生存，那些无法表达和被支持的需要，就会变成情绪压抑影响女性的身心健康发展。

如果这时候女性无法通过他人的理解和看见来获得更多的自我接纳和稳定，那么女性从安全到联结的需要就无法达成，就会被困在情绪层。这就是女性发展的第一重阻碍，也是最难跨越的阻碍。关系文化理论认为，女性在成长过程中追求的是与他人分享、与他人交往，而不是大多数成熟与发展理论所认为的追求独立与自主。（弗雷格 & 法迪曼，P154）

所以，当我们看到一个女性在现实中寻求心理咨询帮助时，这常常意味着这位女性已经无法从身边获得帮助自己突破成长阻碍、建立联结的关系资源，然而这还会被人误解为女性太脆弱了，无法独立面对一些困难。这本来就是女性成长应得的资源，是发展规律的需要，不应该被当成问题。

多伦多大学心理学教授乔丹・彼得森认为："人类行为并不是一个自我发展的过程，而是一个关系发展的过程，是能量与生活意义在人与人之间不断流动的过程，个体就是在与他人建立关系的过程中得以发展的。从这个角度来看，个体的更高级目标是追求关系的促进，而不是追求个人的愉悦，而这就很可能促使个体获得更高层次的自我实现。"（彼得森，1987）

这进一步揭示了从关系联结到创造的关系，关系联结的作用向上可以为个人更高层次的创造提供丰富的源泉，向下关系可以让个体获得支持和确认，进一步夯实自我，获得更安全的体验。

即便女性在现实中的需要可能千差万别，但在内心深处找寻的无非就是这 3 层需要——安全、联结、创造。这个发展的谱系是不变的。其中，**关系对女性的发展尤为重要，女性会从关系的联结中修复过去断裂的联结，然后才有一个自我稳定和接纳的安全空间，并在这个空间里发展跟人的关系，再通过关系的滋养进一步发挥女性的创造性。**

女性的成长犹如一场长跑，而在每个人的心里早已埋下等待发芽的种子，如果有充足的水分和养料，种子就会破土、生根，长出树干和茂密的枝叶。

而我们需要做的就是回归过程，在面对外界的普遍焦虑和压力面前，给自己多一点空间去面对自己的内心，多一些关系资源去看见和理解自己，才能辨识和找出自己要走的路。

当我们在探索这条荆棘之旅时，既要看到挑战，也要看到作为一个女性存在的自由和丰富的可能性，从安全、联结到创造，这是一条坎坷却充满希望的路。

为什么女性成长的荆棘丛难以穿越？因为穿越即重生，你将在这个过程中一层层蜕掉不属于自己的壳，活成真正的自己。

第二部分

希望之旅：点燃生命的星星之火

我也曾感叹他们的不幸境遇，仿佛生活为他们关上了一道门，接着又关上了一扇窗。但是，当我走进这样一间屋子，当我和他们一起呼吸的时候，我发现，虽然门被关上了，窗，也没有被打开，我却还是看见了光；温暖的、温柔的、坚韧的、顽强的、不灭的光。那些光来自他们的内心，他们是希望之火，是勇气之源，是星星之火。

——舒辉波《梦想是生命里的光》

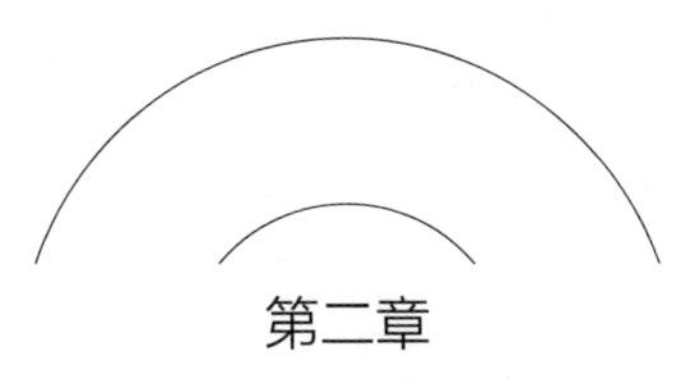

第二章

相信的力量：当一根锚深深地沉入海底

我们得去相信，我们时常接受失望，这样我们才能不断地重整旗鼓。

——加布瑞埃拉·泽文《岛上书店》

在我 12 年的心理咨询工作经历中，我见过了很多原生家庭非常糟糕和遭遇很严峻的现实困难的女性，我经常会想：“如果我是她们，我会怎样做，我能像她们一样勇敢坚强吗？”

在某一次的咨询中，我找到了答案。

那是一个经常陷入抑郁的女性，她说自己很多时候都像已经“死亡”，只有极少数的时间感觉到自己“活着”。同时，从上大学开始，她开始见不同的心理咨询师，有几次、十几次到几十次不等，他们帮助她度过了很多艰难的时光。见到我的时候，她正准备为自己换一份工作。

其实与她提到的死亡相比，我从她身上更多感觉到的是一种强烈的求生欲望。我说：“看起来死亡的感觉一直都在，但你总是有办法让自己活过来！”

她点头同意，这个角度让我们都陷入了沉默。

是什么让她没有放弃希望，去寻找自己的兴趣和工作，以及寻找适合的心理咨询师，我们可以把这简单地归因于生命的本能，但还有一种最容易被忽略的因素，就是相信的力量，她相信她可以获得帮助，可以通过行动改变自己的处境。

比如，此刻正在看这本书的你，为何选择拿起这本书阅读？

你想过吗？是什么让你选择一本书？又是什么让你相信书里写的内容？又或者，你又如何相信自己可以获得帮助？

我想每一个人心里都有不同的答案，但我可以确认的是，每一个选择阅读这本书的你都是独特的。因为，**在你的内心或许有一个摇曳的火苗在告诉你一些关于希望的信息，而你选择了相信。**

这就是很多人的人生发生转变的前提，当你拿起这本书时，我无比确定在你的身上也有这种东西。

一、你相信的东西，会让你变得独特

弗洛伊德在 1920 年的论文《超越唯乐原则》中提出了“生本能”和“死本能”，这两种本能同时存在于一个人身上，此消彼长。也就是同一篇论文中，他提出了“强迫性重复”的概念，这源自他的观察：孩子会把他最喜欢的玩具从小床中扔出去，再哭着把玩具要回来，不断重复。

孩子在经历一件痛苦的事之后，会不自觉地反复制造同样的情境，去体验同样的情感。孩子把玩具当成母亲的替代品去体验失去的感受，通过体验来修复母亲时不时离开所带来的创伤。这种以重复试图修复过去经历的创伤行为，被称为“强迫性重复”。

很多人有一个误解，以为在强迫性重复里，仅仅体验到创伤，只是在不断重复痛苦。实际上，在我的工作中，我看到每一个经历强迫性重复的人，几乎都有从感觉里获益，这充满了巨大的诱惑和吸引力。

从外在看来，他们一直在经历某种痛苦不堪的现实，这些行为很显然不具有现实适应性，但从心理体验来看，他们却一直在无限接近于内心里最充满希望的地方。

那就好比，当你踩在平地上时，你看着一个人双手紧紧抓住一根树枝，一刻也不松手，你可能会觉得滑稽。而当你认真看向他的脚底时，发现有一片深不见底的悬崖，才会倒吸一口凉气。

这根树枝，就是他们心里的希望。而恰恰是这些看似无用的树枝和滑稽的抓取带来的希望，使很多人走过了生命中最难的时光。

在前一章节中，我们讲到荆棘之地，这一章我想让大家去体会那些我们作为一个人的求生本能所带来的最原始的希望。

当我每每深入地陪伴着我的来访者去看到那些曾经的防御机制是如何不惜一切代价保护着他们，陪伴他们度过艰难的时光时，很多来访者都会感动得热泪盈眶。

这是他们自己的故事，他们应该记得并且相信，感觉里的希望就被启动了。

对于那些生存资源极其匮乏，甚至是带着很多严重创伤的人来说，如果没有一些希望作为地基（即便是幻想出来的希望），他们便不可能一次次向现实发起冲锋，并在这个过程中将“生”的希望保存下来。

所以，一个想要成长的女性，一个想要知道自己的人生到底怎么了的女性，其实都是独特的。这可能意味着你的过去给予了你某种相信，无论这种相信能否接受现实检验，它都是你的救命恩人。

而对于此时此地的你来说，只要你还活着，便可以继续成长，并且你已经具备了某些可以帮助你成长的资源。

二、打开箱子，寻找岁月中的宝藏

在《当下的力量》一书中，埃克哈特·托利（2013）讲过一个故事。

一个乞丐在路边坐了 30 年，有一天他像平常一样乞讨，希望陌生人给他一些施舍。

陌生人说：“我没有什么可以给你。”然后，紧接着问，“你坐着的是什么？”

乞丐说：“什么都没有，只是一个旧箱子而已，从我有记忆以来，我就一直坐在上面。”

陌生人问：“你打开过箱子吗？”

乞丐说：“打开它有什么用？里面什么都没有。”

在陌生人的坚持下，乞丐打开了箱子，发现箱子里装满了金子。

托利说道：“我就是那个没有任何东西可以给你，却要求你打开箱子来看看的陌生人。”（托利，P35）

作为一个工作了十多年的心理咨询师来说，我不得不说，可能我要给你的东西真的很有限，并且所有他人能给你的东西可能都是次要的，但唯一无限又非常宝贵的东西就是，打开你自己的“箱子”。

这也让我想起我自己的经历。在整个上半年我都被无力的感觉笼罩着。

工作仍然有条不紊地进行着，除了每周 20 多个小时的咨询，我还做了近 100 场直播，还在同步进行硕士课程和一个 3 年的全球聚焦认证训练课程，除此之外，我还跑步 200 多千米。

一切看起来都非常好，我的时间完全自由，我干着一份自己很喜欢且很有价值的工作，我也不需要为生计发愁，一切都在顺利地进行，但我感觉自己就像那个坐在街边的乞丐，甚至我都不知道我在乞讨什么。

在那年 4 月刚开始时，我的硕士班新安排了一门课程，叫创造性表达与转化，用诗歌、舞蹈、面具、梦境探寻、个人神话、寻找动物图腾、自由书写等不同方式来探索和表达自己。我把自己沉浸其中，保持好奇，但我不知道自己会去往哪里。总有一种感觉，我会收获我真正想要的。

在整个 10 周的课程中，通过一次次的创作和回溯，我把自己一次次打散、重组。而在最后那一周里，我的电脑反复跳出一张图片，是摩洛哥的一个古老村落——哈杜筑垒村，那曾经是马拉喀什和撒哈拉沙漠商队路线上的一个落脚点，经过岁月的变迁仍然固若金汤。

我好几次久久凝视着这张图片发呆，看着那些非常简朴又穿越年代的土墙，想象着它们曾经如何抵御敌人的入侵，又如何迎接远方的朋友，我仿佛跟它们无比亲近。

我顺着这些图找出了一些打动我的图片，把它们拼接到一起，我知道我在借助它来找寻我自己。

我感觉到一种意义在于，有些东西已经退隐或者消亡，但仍然有些东西屹立不倒，在我的感觉里，不太清楚又十分确定地完成了一种剥离。

我想到席慕蓉的诗歌《信仰》，想到了那些用精致的本子一笔一画抄写诗歌的年少时光，我好像一直都在这些诗歌里，20 年前的自己，感觉恍如昨日。

接下来，我用我的感觉改写了这首诗。写完这首诗，我感觉头脑昏沉发胀，沉甸甸的就像怀了孕一般。

我经历了一种身体上的无力的极点，连呼吸都感觉到费劲，就像生命下一刻就要消失。但同时我又知道自己是安全的，有一种更深刻的东西在心里流动。

后来，开始写专业应用方案时，有一个清晰的想法冒出来，我可以写一本书。我想我之所以那么热爱那些土墙、黄沙和岩石，是因为它们跟文字是如此相似，同样静默无声，同样朴实无华，也同样可以穿越时间。

当我确认自己写书的想法时，我发现早在几个月前就有编辑联系我了，计划一直搁置，我把这些写进了我的那门创造课程的专业应用方案，作为我下半年的计划，我知道我一定会完成，并且在感觉里相信这将是一本很棒的书。

我的课程老师徐菁莲，是一名资深的舞动治疗师，见证了这个过程的她，跟我转述了克莉丝汀·寇威尔的《身体的情绪地图》中的观点：觉察的关键在于，我们是人生的见证者，是一种重拾好奇心和开放心胸、重建体验真实世界的能力。（寇威尔，P136）

在无力伴随着我的这半年里，很庆幸我带着一颗好奇的心，不慌不忙地陪伴了自己的焦虑、无力与转变，这种打开和洗涤对我来说是很深刻的。

说起写作，其实我的内心一直都知道我要做这件事，每当我停下来不再继续时，我就会陷入迷失。我一次次做有关坟墓的梦，在感觉里，我也像是把一个半死不活的自己埋在了摩洛哥的沙漠里，然后一些模糊的新生命开始生长。

这就有了我通过回忆写着的这些文字，也有了你手里正在翻阅的这本书。

我想要用我的经历来表达的是：**所有的成长，都不是为了改变你，而是去触动你内心的真实，让你知道自己是谁，更清楚自己在哪里，以及要去往哪里。**

而你要打开的那个箱子，其实就是从岁月中走过来，你一直带着却不曾看见的东西。

就在前几周，在我开始写这本书时，我有一次冥想时在我的肚子里发现了一道巨大的瀑布，汹涌奔腾直下的瀑布声响震天，我被瀑布所折服，瀑布后面的石头上刻着红字，一扇石门打开，一个声音在说“欢迎你进入瀑布之流”，我的胸口被一股巨大的能量冲开，我看到了爷爷对我的爱，同时也接收到一个信息，去探索代际传承与女性力量之间的关联。

后来，我被一些其他事情分了心，在我停止写作的几天里，我做了另外一个梦，我去检查身体，医生说不用查了，如果你在咳嗽的话，一定是绝症，没救了。早晨起来，我惊出一身冷汗，立即去预约了今年的体检。

一切比想象中还好，我的身体比上一次检查还要健康，连多年的贫血也接近正常，这可能得益于我这两年一直坚持跑步，等身体的警报真正解除，我才开始回头来体会我的梦境。

我想起了那个穿白大褂的医生轻蔑的眼神，好像在生气地跟我说："所有一切都安排好了，你为什么不去做你该做的事情，还要做什么检查，你还需要担心什么！"

通过这个梦，我更加明白了，我意识到我的内心被各种声音干扰，我要放下对写作这件事的周全考虑，以及对所有事情的担忧或控制，要继续写下去，这才是我应该做的事。

当然，这一切的一切，可能在很多年前就已经写就，从那个 15 岁的我读着席慕蓉的诗集，看着双语杂志上那个优雅的心理咨询师的照片起，有一些种子就在心里发了芽。而今天这些种子只是顺应着自然生长，长出它应该成为的样子。

听完我的故事，你会对你自己多一些好奇吗？你的箱子里又藏着什么样的宝藏呢？又是什么使你心里的种子发芽？

不必此刻就找到答案，可以先带着这些问题慢慢上路，让我们对这个知晓自己的过程拭目以待吧！

三、在相信中前行，资源和问题的不同视角

作为一名心理咨询师，我不得不承认，有时候我会有一些很自然的要去帮助他人的愿望。而在实际工作过程中，我会发现来访者的资源总是比问题更多，我的帮助就是让他们去看到这些资源，并用好这些资源。

我的关系性全身聚焦老师 Karen Whalen 说过："静默地倾听，是所有临床中最有效的一种方式，当我们有被全身心地倾听，我们的内在就开始了流动和重组的过程。"

无论学习哪一种理论、知识还是阅读哪一本书籍，如果我们因为眼前的知道而忽略了更多的去知晓，就看不到与问题同行的资源，前进的路就会被堵住。而相反，我们带着更多的相信，就一定能看见更多可能。

这让我想起来某天我跟一位来访者交流，她努力让我理解她在工作中的一种感觉，然而这种感觉太微妙了，她也很难讲清楚，但是我又非常清楚地知道她身上有一些东西，想要跟我讲清楚。

最后我们花了将近 50 分钟的时间反复表达、确认和澄清，我才明白她的内心发生了什么，以及这个位置又跟现实有怎样的关联。

而实际上，通过向我陈述的这个过程，她也澄清了心里那些模糊不清、难以言说的感觉。咨询结束之后，我的内心涌起一种感动，为她对自己和对我的信任，为她的反复尝试，为她努力要表达清楚自己的坚持，她是如此相信她是值得并且可以被另一个人理解。

即便我们都知道还有要面对和没有解决的问题，但这又怎样？我们仍然可以在相信中前行，看见问题背后的资源，也就有了更多往前走的信心和力量。

这就是一条鲜活的成长之旅，而非一场场干瘪的理论说教。

借由表达、澄清、诠释，被看见、被理解，一个人变得越来越相信自己，相信自己的体验存在的真实，相信自己具备人性共有的情感体验，相信自己有足够的力量面对现实。

这恰恰是因为我们看到了自己的鲜活，看到自己身上流淌着的充满希望的部分，正在以某种方式坚强而有力量地面对生活。

这就是很多人从心理咨询中收获的最宝贵的东西。我们看到自己并非一无所有，还有一些不错的部分，内在的希望之门就被开启了。

当我们把这一部分还原，不仅看到有问题的那条腿，也看到充满资源的那条腿，每个人都可以尝试借由两条腿的合作，去往他想去的方向。

这会让我在心里记起一些前辈的声音。

罗杰斯说："无论是花朵或橡树，蚯蚓或漂亮的鸟儿，猿或人，我们都要意识到他们的生命是主动的过程而不是被动的过程。无论刺激源于内部或外部，环境有利或不利，生物的行为都朝着维持、加强、繁衍的方向发展……在对待生命被扭曲的来访者时，在面对重返医院的人们时，我时常会想起那些土豆芽。他们的生存环境如此恶劣，他们看来好像是反常的、心理扭曲的、异乎常人的。然而，他们也具有定向的倾向——他们按照自己认为能获得的唯一途径朝着成长与实现不断发展。从

健康者角度来看，其结果是离奇而又徒劳的，但这是生命为实现自我而不顾一切地努力。”（罗杰斯，2015，P91）

寇特莱特说：“超个人的观点把人的心理历程视为灵性旅程，以更令人兴奋、更具启发性的观点将心理治疗变成神圣的工作，在过程中拥有更深刻的信任。……这需要信心——相信展现的历程，相信更多的故事会自己呈现出来，相信更深的意义会被发现。这种信心使治疗师能以更广阔的方式来接纳来访者的悲剧和痛苦，既不会陷入愤怒、哀伤或个人反应，也不会抱持封闭、麻木或防卫的退缩态度，而是温柔、开放地托住来访者心中的痛，帮助来访者更彻底地与痛苦同行。”（寇特莱特，2014，P237）

从问题的角度看，问题是一个要解决掉的东西，当来访者意识到自己有某个问题的时候，常常会有一种羞耻的体验，想要把自己藏起来。

然而，从资源的角度来看，带着问题的一个人，又是如何面对问题和生活的呢？这里面一定有值得我们去看到的经验和特质。

尽管有时候问题非常严峻，但我们面对问题的决心从未动摇，那么作为人的形象就要比问题生动多了。

如果我们不再一味地质疑“我有什么问题”或“我为什么会有这样的问题而别人没有”，更深入地去探索我是如何带着问题走到今天的，我是怎样让自己在艰难中活下来的，我曾经有怎样面对问题的经验，又有哪些人和事在这个过程中给到了我支持和助力。

所以，为什么在心理咨询里，有些事情已经过去了，我们仍然需要一次次去谈论它们？

尽管我们不能改变过去，但是探索的历程就是在重新书写你自己的生命故事，直到你愿意从内心里信任你自己。

我的一位来访者说："如果问我什么是我生命中最重要的东西，那就是我从心理咨询中获得的对自己的确认，它让我的人生从黑白变成了彩色，这是无价之宝。"

问题可以让我们痛苦，也可以让我们变得独特，也可以助我们更好地活出自己。区别就在于，我们如何看待问题，愿意给问题留出多少空间。

这会让我联想到太极的八卦图，阴阳保持着平衡，阴中有阳，阳中有阴，我们真的要追求对问题的消灭和解决吗？还是可以看到问题里蕴藏着的生命力？

或许我们更应该去接受，解决不了的问题让你与其他人不同，所以你才要通过认识问题来重新认识自己，为自己找到一条更适合的路。

就像作家三曾说过的那句话：给自己时间，不要着急，一步一步来，一日一日过，无论如何请相信生命的韧性是惊人的，跟自己向上的心去合作，不要放弃对自己的爱护。

第三章

痛苦中的转化：不同的路，选择、沉淀与新生

完整地活着，就是在某一个过去的时刻里放手、死亡，在每一个新的时刻来临时，获得新生。

——杰克·康菲尔德

做心理咨询工作，总是免不了要跟痛苦碰面。不同的来访者会带着不同程度的痛苦，而我还没有见过一个从痛苦中一无所获的人。

痛苦，要么增强了行动力，要么加深了对自己的感知，要么彻底改变了人生。

只是，很多人面对痛苦时，常常会犹豫和纠结到底应该怎么办才好。

那么，我们有哪些面对痛苦的方式，又该如何来选择呢?

一、选择＝希望：改变痛苦的首要方式是选择

我想在生活中你一定遇到过一些人非常擅长做选择，或者能很快做出选择。也可能在你的人生中也遇到过一些事情，只需要做出一个决定，你就可以轻松一大半。

就拿我自己来说，我人生中很多做选择的经历来自我八九岁的时候。

我的上学之路，是跟着我同龄的堂哥一起，堂哥的家离学校更近。等他到家了，我还需要独自走一段路才能到家。我们总会走到分别的路口，我有两条路可以选择。

第一条路是跟着堂哥上山走到宽阔的大路，可是堂哥家有一条非常凶猛的黑狗，狗经常追着人跑，令我十分害怕。

第二条路是继续在山坳里走上一段田坎小路，可是安静的山坳让我感觉阴冷，更何况一到夏天到处都是蛇。

遇到狗，我就只能一直跑，狗一旦过了它的“管辖范围”就会停下来。跑到狗不再追我，我就胜利了！

遇到蛇时，我只能耐心等待以及接受不确定的变化，有一次，一条白色的蛇在路中间躺了半个小时，我丢了一些石头也无法把它吓跑，只得站在路中间看着它，直到它愿意给我让道。

还有一次，从山坡上下来的蛇直接毫无预料地从我的脚背上扭着身子爬过去，我在原地愣住许久，除了接受别无他法。

除此之外，还有一个很大的挑战是，我家养了一些羊，每到天要黑时，父母总让我独自去山坳里牵羊回家。当我从山顶往山坳里走，天只会越来越黑，我需要穿过树丛、竹林和坟地，找到拴羊的位置，解开绳子再牵上羊，回到在山顶的家。

我时常被黑夜里的动静和声响吓住，那时候我就会停下来，待在黑暗中确认响声的来源，直到安全了再往前走。

有时候，我准备好了遇到狗，可根本不会遇见狗；有时候，我准备好了独自面对寂静的山坳，可又在山坳里遇见正在种庄稼的人；还有时候，羊并没被拴在山脚，我就不需要走过漫长的黑暗。

后来，狗被人打死了，我再也不需要走山坳了；蛇被人捉了很多，也不会那么频繁地见到了；羊也变少了，也不需要总在天黑时去山脚了。

除了我经常跟我的分析师谈论的“我那时还不会求助”，这些后面回味而来的痛苦和挑战，并没有超过我可以承受的范围，因为一直都有选择的空间，在我的感觉里其实很自由。

比他人的帮助对我更重要的是，这些狗之路、蛇之路、黑暗之路，教会了我如何面对变化，如何在困境中选择、承受和找到希望。

面对凶猛的黑狗，最好一路飞奔；面对吓人的野蛇，最好耐心等待；面对黑暗里的声响，最好静观其变。

尽管大多数情况都是这样，但是没有一条路是自己预先设定好的，包括面对问题的方式也不是单一的；与看得见的问题相比，看不见的问题其实更难面对，这就是不确定性。

那面临不确定的变化，是什么让痛苦得到了抚慰和获得希望呢？

我的经验是：当一条路走到分岔口时，就需要做出选择，选择是在用自己的方式靠近希望。

当我明确选择了一条有狗、有蛇或黑暗的路，看到这些路上可能的困难时，我就在未知、不确定的变化之中开辟出了一条面对问题的可行之道，所有途中的困难将变得可承受、可面对、可解决，原本的痛苦之路就变成希望之路。

二、限制＝沉淀：无法改变的痛苦，使人有了新觉知

荷兰哲学家巴鲁赫·斯宾诺莎说过：任何增强、削弱、限制或拓展身体行动力的事物，都能增强、削弱、限制或扩大心灵的行动力；而任何增强、削弱、限制或扩大心灵行动力的事物，同样也能增强、削弱、限制或扩大身体的行动力。

身体的限制，会扩大心灵的行动力；心灵的限制，也会扩大身体的行动力。**一个人很多时候的痛苦，来自他想在那里，可他偏偏在这里。**

选择增加了人生的希望，为我们带来了更多的可能；而选择必然会遇上限制，恰是限制带来的无法选择，加深了我们对自己的觉知，促使我们去探索那些要极力绕开的潜意识盲区。

我曾经听一位妈妈谈起她的孩子，孩子只有5岁，每天都要买很多零食，慢慢地变成只吃面条，再后来对主食都不感兴趣了，只吃方便面。

其实妈妈的初衷是想给孩子更多的自由，希望孩子可以更丰富地面对生活，然而结果却与初衷背道而驰，孩子不仅没有

体会到生活的丰富，反而失去了对正常生活的更多的兴趣。妈妈百思不得其解。

这其实不难理解，假设我们来想象一下：

如果今天被告知可以活 1 万年，你对年龄的感觉会怎样？如果确定一个人会永远爱你，你对这个人的关系感觉怎样？如果你的孩子可以得到不受限制的零花钱，孩子对钱的感觉又会怎样？

当满足被无限扩大，满足感就会随之降低，我们将最终变得对渴望的部分失去感知，也对于获得这些满足的自己失去感知。

想想看，如果你可以活 1 万年，那一天天虚度又如何？如果有一个人永远爱你，那你需要去在意他的感受吗？如果孩子可以得到不受限的零花钱，那孩子还有兴趣发展其他的自我功能吗？

无限的满足是对一个人自我感知最大的剥夺，相反，适当的限制却会增加一个人体验的丰富性。

我曾经在 3 年前，有一次肩膀疼到难以忍受的地步，这样的疼痛持续了一个星期。同时，我的颈椎还因为长期伏案工作，出现了轻度的受损。

一开始，我总以为疼痛会很快过去；两天之后，不间断的疼痛让我不得不通过按摩、拍打等方式让自己感觉舒适一点；好不容易好转一点，紧接着的一个星期，卷土重来的疼痛让我感到无比烦躁。

我清楚地记得有一天下午，我在埋怨疼痛时，突然停了下来。

我坐在那里什么也不做，认真地回想着这些年我是怎么对待自己的身体的：我可以半天不喝水，可以一坐着写作就是一下午，可以长期跷着二郎腿工作，丝毫不注意自己的坐姿……

通过无法缓解的疼痛，我获得了对我身体更深的共情，意识到了我是如何疏于照顾自己的。

从那之后，我才开始调整自己的习惯：无论多忙，每周都要做一次身体 SPA；我开始注意坐姿，每坐一段时间就起来走走，哪怕是在办公室绕两圈；我开始跑步，从心血来潮时跑，到现在每周跑 3 次 3 千米。

当我开始理解并承担起照顾我身体的责任之后，我的身体再也没有出现类似的剧烈疼痛。

对我来说，身体的疼痛，让我真正看到了过去的我把身体当成了一个永远不会坏的“机器”，而在它出现故障之后，我才从那些限制之中，意识到身体是需要被好好珍惜和照顾的。

与这种身体上的痛苦类似的是，心理上的痛苦，常常也会让我们看到自己内心丰富的世界，那些你过去可能丝毫没有意识到的地方，将可能通过痛苦传递过来的信号被你接收到，你才开始去跟那些内在忽略的部分重逢。

然而，我们人性的本能却是拒绝受限的，如果可以做选择，就不愿意接受限制给我们带来的新功课。

比如，我的一部分女性来访者，在遇到亲密关系的不满意时，曾经可以不假思索地分手。但当她们进入婚姻、有了孩子之后，便无法轻易做出离婚的决定。

这其实就是一个符合现实处境的考虑。我也可看到许多女性的自我成长之路，恰是从这样的受限中开始的。

但是大多数人一开始会表现出难以接受，他们理由是“如果不做决定，就会一直痛苦”，还可能把做不了决定归因于自己懦弱。

这是因为太习惯于做决定，或者想要立刻消除痛苦，就会把做不了决定当成罪魁祸首，实际上对于一些影响深远的问题，无论做不做决定，痛苦都不会立刻消失。

对于某些你感觉很难做出选择的问题来说，接受自己现在做不了选择，恰是一种更好的面对方式。

在痛苦给自己制造的限制中，如果我们不着急去摆脱限制，去攻击自己，去埋怨他人，我们就能在痛苦的限制之下，收获一种对自己、对问题的全新认识。

三、绝境＝新生：拥抱痛苦，开辟人生的新领地

比限制影响更大的，就是绝境。这可能是你过去一直在认为的、坚持的或者引以为荣的东西，突然经受一些严重事件的

影响，所造成的接近于毁灭性的打击。

比如，一个以跳舞作为人生使命的女孩子，失去自己的双腿；一个全心为家庭付出的妻子，遭遇丈夫的背叛；一个以孩子为骄傲的父母，经历孩子叛逆并放弃学业；一个视事业为生命的男人，遭遇职业生涯中的第一次重大失误。

当那些过去你觉得非此不可的部分，你生命中最重要的部分，被变化生生夺走的时候会怎样呢？有的人可能深陷抑郁，甚至放弃自己的生命，还有的人因为这些事彻底改变了自己的人生。

我们经常看到很多中年觉醒的女性的例子，她们可能经历工作受挫、婚姻困境或亲子矛盾等才开始意识到：

原来我不是只有做到最好，才是有价值的；
原来真正的亲密关系，并非我想象的样子；
原来跟孩子的冲突，是源于我跟自己的冲突；
原来我不是做得不够，而是做得太多了；
原来放开对一切的掌控，世界末日并没有到来。

这些“原来”，绝非轻而易举得来的，常常是在痛苦不断追赶着我们，在逃无可逃的绝望中，不得不放弃那条过去习惯走的荆棘之路，一次次被迫改道，走上另一条完全陌生之路时才发现真相为何。

这就好比，你抱着贵重的黄金，身处一艘正在下沉的船只上。你要么放下黄金选择活下来，要么抱着黄金沉入水底。

而如果没有逃无可逃，我们或许永远不会发现痛苦里藏着的新可能。当一个人放开手里的黄金时，才会体会到黄金也并非那么重要。

3 年前我出现剧烈的肩膀疼痛，我的身体还有另一个症状，爬上 3 楼都会气喘吁吁。这对于 30 多岁的我来说，其实是不应该的。这些信号告诉我，如果我继续忽视这些信号，我的身体状况将可能滑向不可逆转的深渊。

我开始跑步，可跑上 200 米就感觉到了极限。我去学习游泳，可是学会了所有动作之后，我还是不会游泳，我总是担心自己不能很好地换气。

就在我的想法一次次遭遇阻碍之后，我恍然大悟。在我过去的求学生涯中，我唯一补考过的就是体育，因为有 5 岁时差点被淹死的经历，游泳对我其实并不那么容易。

在确认了这些运动是我的短板时，我变得对自己更有耐心了，我接受了这是我不擅长的东西，我需要重新来学习。后来，这些困难都一一被克服了。

到今天，我已经可以轻松地跑上 5 千米，游泳也很熟练了，它们现在成了我生活中不可缺少的一部分。这两项运动不仅改变了我的身体状态，还给了我很多面对咨询工作的启发。

我们都擅长停在熟悉之中，直到无法逃避的痛苦降临，有很多的幻想被击碎，再也无法粘连起来，再也无法在感觉里欺骗自己，才会迈开步子向前方走去。

我的一位来访者，是一位专业能力突出的职业女性。她过去认为专业能力是最重要的东西，所以她一直在努力变得更专业，随着十多年工作经验的增长，她已经是单位资深的业务能手。

然而，单位领导对她似乎并不满意，换过多任领导，她一直都没有获得升职，也很少得到认可，就连绩效考核都差点不达标。

她一方面很愤怒，觉得领导的考核很不公平；另一方面又感到深深的失望，对工作有了懈怠情绪。另外，她也感到困惑，不明白到底是哪里出了问题。

我们很快找到了一些蛛丝马迹，因为她对于专业能力的过度看重，让她疏于管理自己的职业形象，比如爱八卦，对制度和要求抱怨很多，可这些发现并没有使她产生很大的改变。

就在去年下半年，她被换入新的部门。过去忙得停不下来的她，在新部门无事可做，专业能力也显得不那么重要，她感觉自己被边缘化了。

她想过辞职，可是受疫情的影响，综合评估过新机会之后，她仍然觉得留下来是最好的选择。她开始思考，如何在新部门发挥作用，可无论她怎么卖力地表现，领导也视而不见。

这样的场景，她其实很熟悉。只是失去了自己施展专业领地的她无法像以前一样心安理得，再也无法忽视这些问题。

“为何不去跟领导谈谈呢？既然你内心这么不安，或许可以主动了解领导需要你给新部门提供怎样的帮助？”

我的随口一问，打开了她的新思路。过去的她，只顾着自己努力，很少考虑领导、部门和单位的发展需要什么。这个封闭的循环非常顽固：一次次努力，一次次失望，一次次埋怨，多年的重复，已经让一个原本很爱工作的人，渐渐失去了工作的激情。

而面对更严峻的困境，被釜底抽薪的她，不得不面对过去一直在绕开的问题。她终于鼓起勇气，走进领导的办公室，去请教、沟通和协商，而不是待在自己的舒适区，假装一切都很好，或者假装不在意。

出乎意料的是，领导其实很欢迎她这么做。她现在工作量更少了，但内心却感觉前所未有的踏实，她仿佛第一次在工作中找到了归属感，也更清楚了自己需要做什么，不需要做什么。

这次原本对她来说很要命的岗位调整，却彻底改变了她的职业生涯。因为，她发展了专业之外的新能力，可以站在不同的角度考虑问题，懂得了如何在一个群体里工作，也学会了人与人之间的请教与欣赏、拒绝与协作。

回顾这段经历，她感觉受益匪浅。如果没有这次痛苦适应的经历，或许她将很难看到在专业上的努力之外，还有一片宽广的过去从未看到的世界。

当你继续做自己已经擅长的事情，那么你将不会有任何收获。《内在革命》的作者芭芭拉·安吉丽思（2016）认为，最终决定你是谁，提升你的身份的，并不是你如何处理那些期盼和希望的事物，而是如何应对那些不期待的事，如何挺过那些没有预料到的事，以及如何走出看不见的地方。（P9）

当这样转化的时刻来临，你会经历一种涅槃的痛苦，必须放弃过去熟悉的行动和模式，才会慢慢走出一条新路。

我在工作中，见过许多在关系里非常痛苦的女性，但是最终这些痛苦的关系帮助她们重新回头看见自己，整合了那些被忽略的、不被允许的部分，也发展出了一些过去不曾具备的新能力。

在跟她们一起回顾走过的路时，她们常常觉得自己走过了一段特别长的历程，仿佛已经过了好几辈子。是啊，**每一次无路可走之时，都是涅槃重生之机**。

其实，每个人对于痛苦可以改变自己人生的程度，都无法自主选择。

在有些痛苦面前我们可能做一些小决定，然后痛苦便减轻或消除了；有些痛苦，会一直限制我们的人生，让我们不得不转向在剩余的地方寻找出路；还有一些痛苦，会像飓风过境一样深度重组我们的人生。

看到痛苦不能选择的真相之后，我们只有做自己能做的决定，也接受自己无法做出某些决定。

最重要的是，向痛苦学习，在痛苦中具备自我意识，而非只顾逃离痛苦。要知道，那些真正可以帮助你成长的痛苦是逃不掉的。正因为如此，人生的一扇大门才可以打开。

第四章
转而向内：在“应该”前止步，从苛责自己到看见自己

最大的危险就是失去自我，它可以悄无声息地出现，好像什么都没有发生一样。

——索伦·克尔凯郭尔

在第一章里我们谈到了外在困境对女性的影响，会逼着我们一再努力去证明自己，去做到更好。然而，总有一个时候，你会感到无力，你会发现无论怎样努力，你都无法做到想象中的完美。

当外界的路被堵住，向内看的机会就来了，你可能由此走上一条完全不同的路。

一、突破内在的声音“你应该”：别急着证明自己，别急着改变自己

在某个星期五，我起得晚了一些，本来这一天计划的很多任务便开始打架。

我翻身下床，写了 20 分钟的晨间日记，刚梳理出来一些感觉，已经到了要出去跑步的点，可我还想继续就那些感觉写

下去。

我有些无奈，两者都是我想要的，我追求完美的心在两端艰难地摆荡。我开始有点责怪自己：如果你早一点起来，那么你现在已经写完了，现在出去跑步，不就完美了吗？

“既然已经起晚了，那**你应该**放弃跑步，等明天起早了再跑哦！”我听见另一个声音仿佛在用惩罚我自己的语气这么说。我同时也感觉到了内心的不悦。

“算了吧，已经这样了，来做一个选择把！去跑步还是继续写？”终于，心里有个主持大局的声音站出来了。它像个大家长，边安慰我说“这样也没关系的”，边提示我做选择。

“那跑步吧！回来如果还有时间再继续写！”我感觉到心里支持自己位置的坚挺，和另一个指责位置的妥协。

我穿上跑鞋，走在通往公园的街道上，温和的阳光从树木和楼房间洒下来，非常温暖舒适，耳边还有动听的音乐，我感觉到从我身体里溢出来的满足，感觉自己无比幸福，也更加庆幸我可以照顾好自己。

当我开始规律地跑步之后，我的生活发生了很大的变化。最重要的就是，每周跑 3 次的时间是其他任何事情都无法挤占的，这让我感觉到一种踏实和满足。

这相当于无论我想做多少事情，无论我如何想把一件事情做到极致，到了跑步的时间就得先放下。这条线类似于截止日期，一到时间就得无条件切换，而我在切换中获得了新生，我借此逃开那些对自己无止境的完美要求。

你看，虽然我每周只跑 3 次，但是相当于我每周“复活”了 3 次。跑步让我学会了慢慢来，学会了可以匆忙，但不必把所有的时间都留给匆忙。

我要借此强调的是不要让自己被那些每天都可能在纠缠我们的思想，那些被称作**“你应该”**的思维牢笼困住。跑步相当于救了我，帮我挖出了一个空间来对抗那些“你应该”，让我生活有了更多不被匆忙侵蚀的美好。

要知道，尽管在过往的成长经历中，那些严苛要求我们的声音已经不在耳边，但那些已经内化的“你应该”却无处不在，那是无穷无尽的完美要求：你应该做好，你还可以更好……

只要进入人生的低谷，只要生活出现不对劲，或者遇到任何困境，总是很容易有“你应该”跳出来，然而它对于我们面对现实没有任何帮助，只是徒增了很多自责和内疚。

无论是我们觉得自己不够好，想要改变，还是我们觉得应该努力证明给别人看，这些路总是充满着无止境的糟糕感受。同时，这一切并不会因为足够努力而变得更好，只会越改变越匮乏，越证明越自卑。

所以，我们需要通过一些提醒来告诉自己：“够了，到了该停止的时候了！”

我见过很多想要改变和证明自己的女性，只有在看见和接纳自己的无力，放下证明的执着之后，生活才开始有空间生根

发芽，开花结果。

说起来，这真的是一个充满戏剧化的过程。

我们一直跑啊跑啊，就像为了避开身后追赶自己的某条黑狗，等跑了很久站定后再回头看，才发现身后早已没有什么黑狗。又或者，黑狗其实根本不会对你造成威胁。

那些着急的证明和改变，不过是我们自我欺骗的谎言。别人和我们对自己的感觉，并不会因为你努力做了什么就会改变。

只有当你开始接纳自己，你才有了一个为自己遮风避雨的地方，只有当我们停下对自己严苛的要求，我们才会真正从内在感觉到踏实，发现过去的匆忙不过是梦一场。

二、突破外在的声音“你应该”：先从关系和他人转向看见自己

除了内在的声音，一定少不了很多外在的声音“你应该”在影响你。

我的一位女性来访者，因为工作强度太大了，选择休息一段时间，她的先生开始以各种理由旁敲侧击地告诉她：你该找一份工作了！

在整个暑假期间，因为跟先生不在一个城市，她只得一个人带娃，先生常常跟她抱怨工作有多辛苦，有多么大的压力。而当来访者提到她带娃也很辛苦时，先生就不屑地说“带娃有

啥辛苦的”。

后来，来访者体检时疑似患有癌症，在她去医院排队等待复诊的空当，收到先生发给她的一条信息，是一则招聘信息，对于她的就医和身体没有任何关心。

来访者说：“我以前都觉得我做得还不够好，只想做得更好一点，现在真的是寒心了，我才多久没工作啊！以前一直都是我在扛起家庭的重担，现在也是用我的存款在支撑这个家，原来我做的一切别人都没放在眼里！”

可当她转念一想，我可以再多歇一歇吗？可以对先生多一点要求吗？可以拒绝考虑先生的需要吗？

来访者马上跳出来的声音是：“那我会不会太自私了？”

我们去探讨这个声音从何而来，她说父母和先生都这么说过，只要不按他们的期待去做，让他们感觉不满意的时候，她就会被指责：“你太自私了，你怎么只考虑你自己！”

对于女性成长来说，最大的阻碍就是在很多人没有形成结实的自我之前，就被很多的“应该”牢牢限制住了。这些应该会直接忽视你的感受和需要，把女性当成应该满足他人的工具。

在 1997 年，美国两位心理学教授芭芭拉·费里德里克森和汤米－安·罗伯茨曾发表论文《物化理论：了解妇女的生活经历和心理健康风险》，专门分析物化女性怎么导致女性的内化这些眼光，最终以“自我物化”的形式对女性身心健康带来严重的影响。

然而，当这些“自我物化”的声音出来时，我们时常会没有觉察，反而会感到理所当然，但在内心会感觉自己很糟糕。

每一个真正被外在的“你应该”的声音绑架的，内在都有一个“我应该”的同谋。所以，不是我们不能反抗，是我们不觉得自己应该反抗。

当别人的眼睛总盯着我们没有的东西，如果我们也只关注这些，看不到自己已有的东西，我们就真的被困住了。

当别人有太多的“你应该”指向你时，无论你多么努力，你都不会做到令别人满意。同时，当你某一天不再这么做时，就会被别人冠以“自私”的罪名。**而那些总是被指责“自私”的女性，恰恰是关系里最习惯为他人考虑的人。**

所以，当关系里这些不对劲发生的时候，无论你怎么做，他人都有很多不满意时，或许你也该对自己说：够了！是时候停下来了！关系和他人很重要，但我自己更重要！

如果你努力了很久都无法改变这些不对劲，那么你继续下去，大概率也不会改变，我们是时候先来好好看看自己了。尽管这可能也很难。

正如《内在革命》一书中安吉丽思所（2016）说，“我们都想在较短的时间内把问题解决，没有耐心，不擅长等待结果，对于一切需要耗费时间的事情都没有什么容忍度”（P29）。然而比没有解决问题更严峻的挑战是，我们在这样的岁月里无声地失去了自我，却还以为希望就在前方。

在女性的成长脉络里，看见自己永远应该比看见关系和看见他人更重要，尽管我们的人格特质会有优先关注他人的倾向。

被困住的女性，该有更多意识来刻意练习，把自己的需要放在他人之上，才有可能离开困境。不要怀疑自己自私，那是从来不考虑别人的人才配得上的定义，而你正像一个刚开始学习考虑自己需要的人，要知道在过去人生的大多数时间里，你都为别人做得太多了。

只有当我们通过对自己的看见、理解和接纳，找到双脚踏于大地上的安全，我们才有机会看见关系里的自己在演一个怎样的角色，看见对方又在用怎样的角色来跟自己搭戏。之后，我们才有空间来选择我所在的位置，以及我们要如何对待对方。

这个过程是带着自我意识的，还有更多自我意愿的选择，而非被“你应该”胁迫。也只有在这时候，关系才真正称得上是关系，在关系里的付出才有意义。

三、选择与自己站在一起：如果你觉得我不够好，那我允许自己先这样

我经常看到这样的人，当陷入人生低谷时，就开始拼命攻击自己；当自己被他人指责和羞辱时，便开始苛责自己。

要知道，生活越是混乱不堪和不如意，就越要放过自己，不要在低谷里跟自己战斗。在低谷里保存力气，你才能走出困境。

什么是自我呢？就是在不会对你的生活造成特别大的影响的前提下，你可以有一个地方，不受别人影响，也不受自己胁迫，这就是自我萌芽的土壤。

比如，当我责备我起晚了时，我的内在“我应该”的声音跳出来时，我可以继续支持自己去跑步；当别人把目光放在你没有的东西上，以此来评价、攻击或要求你改变时，别急着去做得更好，而是先允许自己这样。

你需要跟自己核对，我真的想这样做吗？你可以现在做一些努力“让别人满意”或者“让自己满意”，可是这种满意又能持续多久呢？

向前冲，意味着进入自动运行的脱轨模式，而有意识地踩刹车，慢下来或停下来，就会有一大片空间来重新思考和做选择。

改变是迎合过去的模式，不着急改变才能看清模式，这就是自我成长的关键所在。

所以，当你的内心或者耳边再响起“你应该”的声音时，你不妨尝试着这么做。

1. 学会放下担子，告诉自己“我先允许自己这样”

如果你觉得我敏感多疑，那我先允许自己这样；

如果你觉得我不够努力，那我先允许自己这样；

如果你觉得我不够独立或者上进，那我先允许自己这样；

甚至你觉得我是一个坏女人、坏妈妈、坏孩子，那我也先允许自己这样。

先放下肩上的担子，好好喘喘气。

你已经很疲惫了，需要休整一下再出发。

不在别人指责你的时候继续指责和攻击自己，不在别人苛求自己时努力改变自己。

很多人会担心自己这样会太偏执，听不见别人的任何建议。我们绝非偏执，只是需要给自己空间来缓一缓，才能辨别自己究竟想要怎么做，而不是总是听命于他人。

更何况很多时候，别人给到你的“应该”，并非所谓的帮助你，也不是想让你变得更好，有时候他们也不知道为什么，或者仅仅是在发泄他们的情绪而已。

2. 转变要求的等级，变“你应该”为“你可以”

说到“你应该”的时候，是带着明显的强迫味道，而“你可以”就温柔很多，增加了一些选择的空间。

这只是一个文字游戏，但改变的是我们对待自己的态度，我们需要用更温柔的态度来对待自己。

雅基·马森在《可爱的诅咒》中说："当读到'可以'这个词时，你的肩膀是不是松弛了下来？……应该是没完没了的，并且涵盖的范围很大……你可以把这些当作你人生的指南，这完全没有问题。但是，当它们变成死板的教条时，它们就有可能变成一个牢笼，你会觉得自己被困住了。"（马森，2016，P97）

我在跟一个总是在孩子面前情绪爆发的妈妈工作时，妈妈非常自责，她一方面从育儿书籍中获知自己不该这样对孩子发火，但另一方面又常常无法控制自己的情绪。

她对自己的应该是"你应该做一个不对孩子发火的好妈妈"，我们回溯她儿时的经历，其实她的妈妈也经常对她发泄情绪，并且从不妥协和反思，跟她相比有过之而无不及。

我们再谈到她在身边关系里的谨慎，她很少感觉被理解，周围人总是对她有很多的要求，先生也不会跟她一起分担压力，所以她的情绪流向孩子，是一种很无力的本能需要。

通过这些理解，我们换了一个角度看待她的情绪：既然她已经选择做心理咨询，说明她已经有意识在成长了，如果在某些时候，她还是忍不住向孩子发泄情绪，那她可以先允许自己这么做。我们把这种方式看成她的自救途径，是她获得自我平衡的一种方式。

你能猜到这个妈妈之后的变化吗？当用“你可以”替换“你应该”之后，她仍然有情绪失控的时刻，但是很快她就能意识到自己做了什么，同时因为被允许，相比之前她不再总是陷入自责与冲突，于是便有了接纳孩子的空间，她说：“既然我的咨询师可以接纳我的情绪失控，那么我为什么不可以允许我的孩子在某些时刻没有做好呢？”

慢慢地，她整个人都更加松弛了，对孩子的接纳度也变高了，到如今三四个月过去了，她仅有两次情绪失控，并且能够很快有意识地停下来，并在情绪平稳后跟孩子交谈。她的情绪失控不仅没有进一步伤害她跟孩子的关系，反而增进了他们的相互理解。

这就是一个明显的突破，当她给自己更多的允许“你可以”时，她的情绪没有无边无际地蔓延，反而可以很自然地适可而止。

我们每个人的内心都住着一个孩子，当这个孩子被批评、被怪罪、被责备时，就会变得格外拘谨、恐惧，更加容易出错；而这个孩子被允许、被接纳、被善待的时候，孩子就会更放松，更有觉知地成长。

当你在面对一个问题的时候，如果尝试过努力也无济于事，不妨在“应该”面前止步，先允许自己把“我应该”变成“我可以”，这就是在走出自我设限，相当于给自己松了绑。

第三部分

冲突之旅：同时抱持着痛苦和希望

有些人虽然行走于人间，但我知道，他们已经死了；有些人尽管过完了一辈子，却还没有出生；有些人说自己只有 36 岁，但实际上他们已经度过了几百年。

——维吉尼亚 · 伍尔夫《一间自己的房间》

第五章

整合理智与情感：共情与接纳，重启自我成长的双动力

总有一些时候，你以为一切都结束了，然而一切才刚刚开始。

——路易斯·拉摩

前面的第一部分，我们已经从问题中醒来，既看到一些痛苦，也看到了从痛苦中闪着光的希望。从这部分开始，我们将进入一个很重要的核心阶段：**冲突之旅，同时抱持着痛苦和希望。**

这就好比一列颠簸着脱离自己方向的火车，带着很大的惯性冲向一个未知的方向。我们作为这列车的司机兼检修工身处于这列火车上，既希望火车回到正轨，内心又充满无助与惶恐。

作为成长中的个人，脚步和行动注定不是一成不变的，我们需要时而检查一下火车现有的状况，时而确认一下前行的方向，时而不得不做出确保当下安全的应对行动。

在这个过程中最重要的 3 个要素是：**动力、方向和安全。**

与此相关联的 3 个角色和他们的任务是：

检修工检查动力，新手司机确认方向和坐标，老司机不断整理自己的经验。

动力关系着我们作为一个活着的人如何被接纳，被允许。我们会有自己的感觉、意愿和渴望，就是第五章的内容——**整合理智和情感：共情与接纳，重启自我成长的双动力。**

当一个人关于成长的动力不再被强行抑制或否定，而是被给予空间使其充分生长时，成长之路就真正开启了。

方向是我们要去什么地方，以及看见自己被什么阻碍着，懂得自己为什么停在这里，能进一步学习理解和照顾自己，这是第六章的内容——**我在哪里：清晰自我成长的坐标，还原被架空的人生。**

每一颗种子都需要一片适合自己的土壤才能发芽，通过这一章，我们会更加确认自己的成长需要何种资源，懂得为自己寻找成长的助力。

安全是我们成长路上的守护神，是我们每一个人最重要的本能需要。我们通过在路途中遇到的迷茫，知道这是一条怎样的路，并且知道自己在哪里，给予自己更多的包容和支持，开始练习与自己的心去合作，并对这个过程充满信任和觉知。这就是第七章的内容——**成为人：回归安全依恋，进入丰富的人性体验世界。**

通过这一章，我们会理解自己的不安全感从何而来，重新确认我们生命历程中的得与失，看到在那些难以理解的和不适应行为的底层，流淌着一股怎样美好的生命之流。

通过接下来的这 3 章，你将带着对自己更深的理解，把自我成长中的扎根过程融入你的觉知，逐渐学习把检修工、新手司机和老司机这 3 个角色整合进你日常的生活中，真正学会如何理解、接纳和照顾自己，以及如何在成长中发挥不同角色的作用，做到持续地支持自己。

一、理智＋情感＝抵达目标：初识自我成长的双动力

我们要先作为一个这列火车的检修工上路了。作为检修工，最重要的任务是要检查主要的动力，以及知道它们怎样相互配合或相互阻碍。

每个人的成长需要具备的两种动力来源：理智和情感。这相当于一个人的两条腿，各有各的功能和作用。理智是让人的行为和举动更具现实适应功能，而情感是一个人源源不断的活力、激情和创造力的来源。

当这两种动力相互配合，我们就既有自我的活力和创造性，也有不错的社会适应功能。**而如果其中一种动力在成长过程中被过度抑制，另一种发挥过度代偿的作用，发展就会走向极端化。**

如果我们的心理功能一直被其中一个部分主导，而另一个部分没有空间发展，心理功能就会失去弹性，最后起主导作用的部分也不再起效，就会陷入僵化和卡住状态。

比如，一位女性的成长倾向是理性和现实，她在学生时代

可能会有不错的成绩，然后进入社会可能是个工作狂，那么她缺乏的可能是情感的部分，比如共情自己和他人的能力，照顾和接纳自己的能力，在亲近的关系中依赖他人，提供情感抚慰和依托的能力，以及缺乏在关系里被尊重、被照顾和被看见的机会。

当她跟自己内在的细腻的情感基地失联，她就失去了走进对方内心世界的能力，无法在关系里建立自我感知，会时常为关系的问题苦恼。

而相反，如果一个人生活的早年里更缺少理性的架构，那么他将会一直过度使用情感的功能，会被想象或幻想吸引，过度依赖关系和情感，这会导致梦想和抱负只停留在“想”的层次，很难落地出成果，自律能力也是缺乏的。

如果这两者过度使用的功能无法通过另一半功能的融入来接替发展，失衡会进一步加大，这两个原本优势功能也会丢失，只拥有更好的现实功能或更好的情感功能的人，因为向上突破遇到天花板，都会陷入难以平息的内耗和自我攻击之中。

与此同时，越急于摆脱这个状态，就对自己有越高的要求，对改变的渴望极其强烈，对自己的耐心又极度缺乏，在一再经历情感挫败和自恋损伤之后，会很容易陷入抑郁或习得性无助，生命的能量将无法流动。

我们来看看这张发展脉络图：

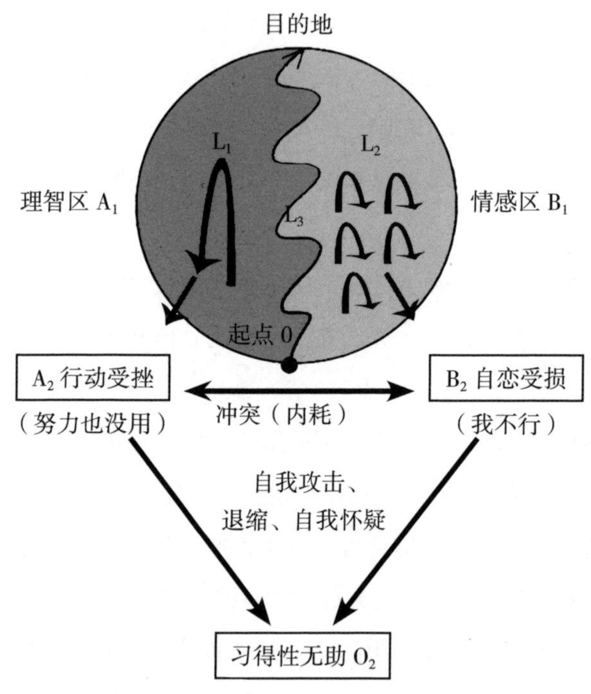

图 5-1　发展脉络图

理智主导的 L_1 路线：从起点开始，向理智区 A_1 偏移，一开始动力强劲，受挫跌落后，经由 A_2 行动受挫进入与自恋受损 B_2 的内耗冲突，动力受阻，任何短暂的努力和信心重建都很难起效；再经由不断地自我攻击、怀疑、行为退缩继续向下，到达习得性无助位置，动力平息。这是适应不良的发展路径。

情感主导的 L_2 路线：从起点开始，向情感区 B_1 偏移，幻想多行动少，想象破灭后跌落，经由 B_2 自恋受损进入与 A_2 行动受挫的内耗冲突，动力受阻；再经由自我攻击、怀疑、行为退缩继续向下，到达习得性无助位置，动力平息。这也是适应不良的发展路径。

持续发展的整合路线 L_3：从起点开始，通过 L_3 曲线路径，整合 A_1 区理智的约束和 B_1 区情感的抱持，到达一个或无数个目的地，是正常的发展路径。

在发展跌落的位置，A_2、B_2 和 O_2 都可以作为二次成长的起点。A_2 和 B_2 因为动力只是受阻，所以相对更容易。等到达 O_2 时，要重启动力就变得极其艰难。

通过这张图，我们可以更加理解成长的不易，以及在成长过程获得资源帮助的重要性。

二、油门驱动的现实主义者 L_1：理智主导的加速，走得快却动力不足

这是一个理智区过度发展的结构，带着很多的“应该”，极少有自我意愿参与决定的空间，有着这样结构的人，常常会要求自己“你应该去做，同时应该做好”。

如果没有符合惯性里的“应该”，就会感受到一种空无。所以为了避开这种“一无所有”的空无，在恐惧的驱使下就得不

断轰踩油门往前冲。用“油门驱动”这个词就可以说明这一点，不断踩下油门，要求自己跑得更快。

这是速成的直线系统，问题常常出在经历挫折之后的一蹶不振。

最明显的例子是目前在一些学生中普遍存在的“空心病”现象，可以考出好成绩，却找不到跟自己相关的学习意义。他们最大的阻碍是，无法忍受挫折。

我见过不少成绩一直很好的学生，在遭遇一次成绩的滑铁卢或者某次批评的打击之后，便无法重新振作，这是因为他们缺少自我容纳的情感空间。

如果从理智区一次次接收到强大的指令，必须成绩极好，现实中又一次次不能取得满意的成绩时，油门踩得越狠越不能前进，最后一点也推不动自己。

那到成年期又是怎样的问题呢？对于拥有同样结构的成人来说，他们的阻碍也是自我发展不能遭遇大的打击，也或者对于一直理智主导的动力平息状态要有所察觉。

我的一位女性来访者是一个公务员，人到中年工作轻松且稳定，但她时常感觉很累。

早晨起床很累，一去工作很累，回家就得赶紧躺下刷手机，等刷完手机发现好多事情都没做，生活和工作都陷入无限拖延之中，这让她感到非常苦恼。

她不明白的是：为什么自己一天什么事都没做，却仍然感觉很累？为什么明知道有很多重要的事等着她，可就是无法行动？

她想改掉刷手机的习惯，却发现根本无法控制自己，反而越刷越厉害。**理智主导的人，很适合开始觉察的位置就是“明知道这样不应该，可是不能控制自己”。**

我问她刷手机的时候是什么感觉，她说：“像做贼一样，想多偷一点时间给自己，可是内心又很痛恨自己，觉得不应该这样，把生活搞得一团糟。”

“也就是说，你只能用‘偷着’的方式来满足自己？内心里渴望放松，却不被理智的大脑接受。”

她惊讶地看着我说：“当然啦，我有这么多事没做，我有什么资格去放松，再这样下去我迟早会完蛋的。”

“嗯，我仿佛看到了一个严厉的家长在教育孩子。如果你就是想玩呢？”

她说：“那绝不能这样，我妈妈就是这么对我的，很多事情只能偷着做，不然就会被骂。”

“也就是说，妈妈严厉的部分已经内化成你的一部分，即便今天的你可以像当初一样逃开，也无法获得当初的满足，因为心里还有一双严厉的眼睛在盯着你，责备你‘不应该’。”

“嗯，我经常感到矛盾。一方面觉得不应该这样做，另一方面自己又无法自控地这样做。跟你这么一说，我仿佛有点理解自己了。”

和这位来访者一样，我经常听到很多人责怪自己拖延，缺乏自律，把生活搞得一团糟。然后，生活依然以这样的方式延续着。

虽然他们也曾经做出很多成绩，但是很少被看见，被认可，只要没有做到极致的好，各种自我怀疑就扑面而来，所以很容易焦虑。他们最需要的是先把自己当成有感觉的人来看，发展自我容纳和抱持的功能。

可以尝试以下 3 个步骤：

第一步：当你开始无法自控地刷手机、打游戏、暴饮暴食、过度消费，总是拖延你要做的重要事情时，**请不要急着责备自己，先停下来跟自己的感觉待一会儿。**

第二步：问问自己，我在做这些事时是什么感觉。你也可以选择静坐、写作、聚焦身体感受或者绘画等艺术创作方式来体会、表达自己。

第三步：主动做选择而非被动逃避。问自己是选择继续玩，还是现在就停下来。比如可以安排自己先看一个小时的连续剧，在看完之后，便要求自己也花一些时间去工作，而不是带着立刻要工作的指令去偷玩一个小时。当然，如果你做得到，你也可以现在就停下来，先选择完成一些重要的事情，再回头奖励自己轻松玩。

注意，这几个步骤可能会帮助你改变自己，但是目标不是改变，而是通过这样的调整来打破过去的习惯，进而有空间来觉察和理解自己。其实很多在严苛的管教或过于放松的管教中长大的人，无非只需要处理好理智管控和自我需要的关系。

比如，我的一位来访者告诉我，她明白了自己拖延时喜欢刷短视频，是想要感觉心里更有希望和力量，比如她会去看怎样赚钱、逆袭、积极上进这类视频。于是她转换了思路，从原来总埋怨短视频占据她太多时间，到现在每天早晨和中午都会先支付半个小时的时间专门用来刷这类短视频。

这样的安排在以前看来是难以想象的，当她这么做时，她发现拖延的问题已经大大减轻了。她说：这种感觉很奇妙，我以前总是刷得停不下来，现在我感觉已经够了，甚至不需要用短视频来给自己增添信心了。

其实，这样做最重要的好处在于身心合一，你意识到自己想玩，然后真的让自己玩，你就是在有意识地让自己玩，也只有在这样的前提下，想玩的需要才会被真正满足。

相比无意识地偷着玩，带着意识地玩会让人学会对自己负责，因为已经认真地玩过了，这是计划之中的，就需要对玩负责，相应地，也就需要认真去做点事情。

这个看似简单的过程，就相当于完成了一个从“偷偷摸摸”到“把自己放在台面上”的转换。我曾用这样的方式帮助很多想动却动不了的来访者化解内心的冲突，重新找回自我动力。

三、油箱驱动的完美主义者 L_2：情感主导的即时满足，走得动却走不远

相比理智主导的人，情感主导的人会显得很有干劲，但缺乏对结果的追求，导致精力无法聚焦，一直被各种忙碌的事情吸引。

跟理智主导的人不同的是，情感主导的人喜欢心血来潮地憧憬未来，很少把精力花在产生结果的事情上，他们不断追求即时满足，难以通过长期努力去获得的有结果的延时满足。

如果理智主导的人更喜欢不断踩油门前行的话，那情感主导的人就更喜欢追求当下“满油”的感觉，却很少真正踩下油门，他们会被很多美好的想象驱动，活在幻想里，三分钟热度，缺乏实现长远目标的自控力，导致社会功能发展不足。

很多人无法理解为什么满油会走不远。

这里涉及自恋的问题，要追求自己绝对好的感觉，就要时刻停留在好的感觉里，但凡感觉不好就需要退回去“加油”。

困难就在于，如果满足没有转化为行动力，那需求的满足其实是没有尽头的。也就是说，情感主导的人一方面想寻求一些感觉来证明自己能行，但同时无论感觉里怎么行，要行动起来都会比较困难。如果没有行动结果反馈，那些好的自我感觉注定都是虚的，反过来，现实的虚无，又导致了要一直追求当下的感觉认可。

同时，情感主导的人在社交关系里也格外敏感，会非常在意他人对自己的看法和评价，也很容易情绪化，难以听到他人的建议，很少从过往经历中反思及获得自我经验，也就成长得很慢。

情感主导的人要明白，无论自己准备多么充分，当你真正开始尝试时都是不完美的。所以，需要把自己的感觉经由一点点确认，落地到现实中来，接纳现实中不完美的自己，而不是一直活在自我感觉良好的幻想里。这个幻想迟早都会破灭，只要开始行动就会痛苦，但这也是成长的必经之路。

我曾经就是一个行动力薄弱的人，总是想的多而干的少，心血来潮时列上计划，但很快就束之高阁。后来，我才发现不行动对我是有益的，就是“不行动，在感觉里自己就是完美的”，我被这样的完美假象困住了。

从感觉里明白了自己之后，我对自己的接纳和鼓励更多了。

比如，我要去组织一个聚会，我要去见一个我敬仰的前辈，我的第一感觉可能还是不要了吧，会担心自己做得不够好。当我的内心接受哪怕我做了不一定满意，也好过于想象里我可以做得很完美的自我欺骗时，我就可以行动了。

同时，尽管在很多尝试中遇到困难，我也可以接受，至少我敢于尝试，我就成功战胜了自己。以此类推，其实很多事情都一样。**宁愿不完美地去尝试获得新经验，也好过于深陷完美假象的泥潭。**

越是缺乏行动力的人，越会依赖幻想活着，并且不断用幻想去填充现实，或者通过回避现实来适应幻想，导致现实功能越来越弱。相反，唯有主动打破自我完美的幻想，才能走在自我越来越强大的路上。

所以，对于情感主导的人，行动力就变得十分重要。斯坦福大学有一门最受欢迎的心理学课程叫《自控力》，参加过这门课程的人称其能够“改变一生”。主讲者凯利·麦格尼格尔教授（2012）在他的《自控力》一书中写道：意志力的挑战就是两个自我（冲动和控制）的对抗。如果控制系统占上风，原始的本能冲动就能被抛在一边。（P45）

更细致地来讲，行动力的关键，取决于两个自我博弈的结果。只要那一刻控制比冲动占上风，你就能开始有益于自己的行动。

这里有一个可以尝试的方法，就是**“摁下开始键”**。

比如，我想要联系一个久未谋面的朋友商量一件事情，但是反复考虑不知道怎样说更好，那我在大致想一想之后，就去拨通电话，我只需要开始拨电话，控制的自我就占了上风。

又比如，我早晨想出去跑个3千米，但是我又犹豫要不要先看会儿新闻，晚一点再出门，当我摁下开始键走向房间换运动服时，我就已经战胜了自己。

每当我感到精力充沛，意识到我自己状态极佳时，我也会给自己摁下开始键，比如我会让自己开始写作，或者开始去处理一件棘手的事情。

“摁下开始键”不仅可以决定**“此刻开始做什么”**，也可以决定**“此刻不做什么”**。

比如，有暴饮暴食习惯的人，可以边吃边感觉自己的状态，然后在吃到下一口时**暂停一下**，问自己要继续吃吗？

又比如，你工作中抛了锚，然后一直在刷手机，并且心里又焦虑又烦躁，那么你可以感觉到此刻的状态，然后在下一秒暂停一下，问自己要继续刷下去吗？

很多人会担心，这样询问的结果并不能对自己有帮助。其实，重点不在于结果，而是**这个短暂的暂停空间，当你开始询问自己，你的惯性行为就已经发生了改变。**

所以，情感主导的人，很多时候就像没有系上缰绳的马，如果任自己随意奔跑，就很难产生任何价值。当你不断让自己意识在线，通过暂停、询问、摁下开始键来行动，就走出了总是踩不下油门的困境。

还有一些人的行为阻碍来自追求完美的需要。

我有一个来访者早上有起不了床的问题，当我们细致去了解，发现当她觉得已经打破了心中对早晨的完美设想时，就不能动弹了。

比如，她计划早上 6 点起床，可是她恰好 6 点没有起来，等到 6:10 时她会觉得即便现在起来也没意思了，于是一直睡到原定于 8 点出门工作的时间，再睡到 9 点必须取消原定的工作计划。

如果从现实的逻辑来看，每个人都知道晚了 10 分钟，总比影响一整天的工作要好太多，但是对于追求完美的人来说，好的感觉比什么都重要，因此总给自己设定极高的目标又完不成。这种大脑对于完美感觉的追求，除了一再挫败自己，并不能对现实产生任何帮助。

有一本很棒的关于习惯管理的书叫《微习惯》，作者斯蒂芬·盖斯是一个十足的懒虫，所以他一直在研究如何骗过聪明的大脑的监控，可以坚持做一件事，并且不要让自己感觉痛苦。

最终，他找到一种方式，就是给自己制定一个最低的目标，小到自己都觉得太简单的程度。

比如，我是一个作家，我给自己规定每天写 100 字，这非常容易，容易到不会给自己带来任何压力。实际上只要开始写，大多数时候就不会真写到 100 字就停下来，我最多的一次写到 7000 字才停下来，这就是微习惯的威力。

微习惯的原理，相当于帮我们克服了开始的困难，解决了内耗和畏难情绪，这就是提升行动力的秘诀。

像我的这位来访者，如果她只是让自己每天可以起床正常工作，只设定这样一个简单的容易达成的目标，而非一定要 6 点起床，反而能更容易做到。

四、行动受挫 A_2 和自恋受损 B_2：无止境的自我攻击和内耗

参看图 5–1，成长有 3 条路线图：L_1 理智主导，L_2 情感主导，这两条路线图都偏向于不适应，适应性的是 L_3，将两种动力整合在一起。整合向上的位置是理智和情感相互借力走得更远，而失衡的方式是相互冲突、力量相互抵消，进入行动退缩和自我怀疑。

有人跟我说，无法整合是肯定的，但是分不清自己是理智主导还是情感主导。

其实如果只是偏向于单一的模式，到后来都是差不多的，一再行动受挫，或一再自恋受损，到后来理智主导的人无法再积极行动，情感主导的人无法再有满油的感觉，最终殊途同归：难以行动，自信缺失，不断自我怀疑，不再抱有期望，这就陷入了“习得性无助”的困境。

“习得性无助”是指因为重复的失败或惩罚而造成的听任摆布的行为，它可以摧毁一个人的自信体系。它最先由美国心理学家塞利格曼在动物实验的研究中发现。

塞利格曼把狗关在笼子里，只要狗有要逃出笼子的举动，一旦碰到笼子门就施以令其难以忍受的电击。经过多次实验之后，狗再也不会逃跑了，只会蜷缩在笼子里。

正如实验中那条绝望的狗一样，当个体从不断受挫的行动

中得出无论怎样努力都没用的结论，便会放弃努力，或者只做出非常浅表的尝试，大多数时候都表现出无助、无望和抑郁等消极情绪。

本身因为心理功能的失衡，要帮助自己重获平衡就是一个很不容易的过程，但是因为痛苦的现状让很多人都急于改变，当每一次改变的发力都不会带来大的进展，甚至会继续受挫时，就会带来痛苦、否定和自我怀疑，经由不断的冲突和内耗后，动力平息，习得性无助就出现了。

当我们了解这个动力整合或动力失效的模型之后，如何让自己不要一直往下跌落，甚至要在伤痛和脆弱中重新激活动力，就需要更多耐心和自我支持。

在面对目前困境的过程中，帮助你发展出新的能力，可以直接让你突破人生的天花板。

所以，无论遇到怎样的困境，一定要保持对自己的耐心，那些你走得最慢又最难的路，往往是人生里最有成效的路。

五、开启自我成长之路：重启动力，进退都需要被允许

无论你处在 L_1、L_2 线路中遇到困难，还是陷入习得性无助 O_2 当中，重启动力或者保持已有动力的关键就在于，先放轻松一点点。

问题是经年累月的结果，想要看得见的结果，想要改变已

有的现状，都需要足够的时间。当你不急于立刻变得怎样时，才能有足够的空间去重启动力。

如果你感觉到自己还有劲儿去努力，尽管可能感觉不尽如人意，这其实也非常好，需要我们一方面去支持自己想要改变的信心，另一方面也给自己空间去看到是什么阻碍了自己。

如果你对于现实和自己都已经失望透顶，也没有关系，可以松一松刹车（少一点自我苛责），再踩一踩油门（做做那些无关紧要却能行动的事情），结果好坏并不重要，重要的是让你能感觉到自己可以动起来。

没有失衡就没有心理问题，没有阻碍就不存在自我成长。恰恰是动力受阻了或消失了，出现问题了，才逼着我们去看看现实有着怎样的不对劲，这个过程最大的作用就在于，让我们练习着把自己当成一个活生生的人来看待，去接纳自己的脆弱和无力，在疲惫的时候给自己松松绷紧的弦，在痛苦的时候给自己找找帮助恢复信心的身心资源。

我们是一个个活生生的人，并且每个人都不一样，必然在成长过程中会遇到各种问题和挑战，有时候你可能为自己的成长而开心，有时候你可能又无比泄气和失望，这就是我们作为一个人时常体会到的感觉。

这些感觉非常宝贵，是因为它们不断地提醒，我们才能去关注自己、鼓励自己、允许自己，像对待一个孩子一样，耐心地陪伴自己长成想要的样子。

在成长过程中，我找不到一个比“摆荡”更美好的词了。大家所看到的 L_3 路线双动力整合模式，其实就是经由摆荡而成。

很多人不理解摆荡的过程，总是要追求绝对的确定和极致，不允许变化，所以深受限制，无比苦恼。

比如，经常有很多女性跟我抱怨，当她们去帮助身边的女性朋友时，常常会很生气。

因为你可能今天听到一个朋友告诉你她的老公太糟糕了，想立刻离婚，你非常理解朋友的委屈，也想要劝一劝对方，但对方似乎主意很坚定，你只得给对方打打气表示支持。

可过了几天，朋友又告诉你她的老公是怎么好，觉得当时想要离婚是因为考虑得不够周全。到这时候，你可能会感觉有点不舒服，但是也能接受。

等再过几天，朋友再来找你抱怨，日子再也无法过下去时，你便无语了。你实在不理解朋友为什么要如此反复，你甚至还会有被当猴耍的感觉。

这就是感觉里非常真实的摆荡，在心理咨询中是很常见的。时而信誓旦旦，时而灰心丧气，时而斗志昂扬，时而一片迷茫，这些截然不同的感觉会交替出现，让很多人自己都迷惑了，因为自己总是在变，觉得自己很不应该。

实际上，如果你想要成长，就要给自己足够的允许，去容纳这些变化的过程，即便他们可能存在着矛盾和冲突，但只有我们看到这些冲突共存的部分，不随便压抑和纵容任何部分，我们才能了解自己的行动规律，在变化里找到自我的稳定。

摆荡是成长的过程，而非结果；想要获得结果，就要先容纳成长的摆荡过程。

我曾经听过一个泥人的故事，深受触动。

上帝发出诏令说：如果有一个泥人可以走过他指定的河流，就能获得一颗金子般珍贵的心。可是，按照常理来说，泥人过河，无非是自取灭亡。

有一天，一个小泥人决定试一试，因为它不甘于只做一个小泥人。当它来到河边时，它犹豫再三，还是决定踏进水中。这一刻，它感觉自己的脚在融化，有一种撕心裂肺的疼痛。

如果此刻退回，它将是一个残缺不全的小泥人；如果它停在水里，它的身体会加速瓦解；而前路迷茫，它不知道能否走到对岸。

它没有选择，只得在痛苦中艰难地向前，它的身体正在水中瓦解，它发现这个过程很难熬，但它不能停下，只得往前再往前……

就在他感觉自己再也无法撑下去的时候，它意外地发现自己已经上岸了。与此同时，它发现自己已经拥有了一颗金子般的心。

故事的寓意是：**我们每个人都可能像小泥人一样，要经历现实河水的淬炼才能得到一颗金子般的心。但许多人会一直固守自己的泥土之身，以至于无法发现自己的珍贵。**

我希望你从这个故事里感受到力量，无论你正在哪一条路上，无论动力十足，还是深陷困境，那些困难可能让你无比痛苦，但也会让你更清楚你是谁，并坚定你向前的决心。

那些卡住你的问题，正是帮助你找回自己的忠实伙伴。

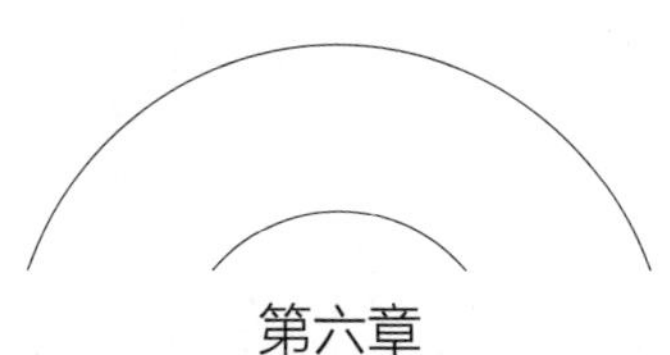

第六章

我在哪里：清晰自我坐标，还原被架空的人生

只要你追随自己的幸福，大门就会在你意想不到的地方敞开。

——约瑟夫·坎贝尔

“自我成长到底要做什么？要往哪里成长？我走的路对不对？”

我经常听到很多人问这样的问题。仿佛感觉这是一条充满希望的路，却对这条路上有怎样的风景，要经历怎样的挑战一无所知，非常迷茫。

尽管我们不得不承认心理成长充满着很多可能性，这种可能性是无法提前预设的，但如果连一个大致的希望的轮廓也看不到的话，往前走的动力就会大大降低。

就像你想攀上一座艰险的峭壁，如果先有一个锚点给你助力，即便最终你可能不会或不只是到达那里，这个锚点的作用也意义非凡。

这些锚点也就是我接下来要讲的自我成长的结构、坐标与方向，以及成长的动态过程，虽然这些描绘的轮廓和节点不能涵盖成长本身的丰富性，但可以作为攀登高峰的助力点。

上一章我们作为自我这趟列车的检修工理解了成长的双动力原理，这一章我们要来像新手司机一样铺开整个成长的地图，找到前行的方向和现在的坐标。

方向和坐标是相互依存的一对好搭档。没有方向便像无头苍蝇一样迷茫，没有坐标即便看到方向也无从下手。只有同时看到方向和坐标，当下和未来才会在心里清晰起来。在这两者之间位移的变化，从当下去往你渴望的成长方向的过程，就是成长的过程。

那如何把方向和坐标纳入其中形成一个整体呢？那就是我现在要带着大家来看的这张成长的地图了。

我想先从我的从业历程来讲讲成长地图的重要性。

到今年为止，我有 12 年的心理咨询执业经历，因为我不是科班出身，是在边学习、边摸索、边修正的过程中成长起来的，所以成长方式跟许多咨询师是不同的。恰恰是因为这个过程里的不容易，我才对结构越加重视。

我的成长过程大致可以分为三个阶段。

第一阶段：立足眼下，形而上。在这个阶段，作为一个新手咨询师，共情能力是最好的。心里没有太多的预设和框架，非常在意以来访者的感受为中心，不足在于对于问题缺少系统和发展的眼光。这个阶段我经历了 4 年的时间，我的心里充满着热情，但大多数来访者几乎只见了一次，咨询就结束了，回过头看，当时的我对来访者是缺乏深度理解的，因为关注点只在当下，不具备发展的脉络，也不具有系统成长的眼光。

第二阶段：立足眼下或方向，形而上与形而下的切换。在这个阶段，我开始接受许多培训，其中对我帮助最大的是系统家庭治疗和自体心理学训练，它们分别帮助我从家庭和个人两个系统去理解来访者的问题。这样就不再局限于理解来访者当前的困境，而是开始把问题更多地纳入成长框架中去考虑。

这是一个转换的阶段，系统的结构帮助我将一部分注意力从问题中抽离出来，去看到作为一个完整的人是如何存在的，某些特定问题存在对于人的成长的意义是什么。这个过程的艰难在于，一开始容易顾此失彼，要么太注重系统评估，要么太注重共情，这是我最困惑和迷茫的阶段，经常需要推翻自己的假设。就在这个艰难的屡屡碰壁的过程中，我的个案量相比以前翻了一倍，持续咨询的来访者变得更多了。

从我后来的反思来看，其实许多来访者一直都在寻找两者兼备的咨询师，他们既需要咨询师看到自己的困境，也需要咨询师看到他们身上存在的成长空间，这就需要咨询师既要有共情的态度，也要有系统的眼光，来访者才会在咨询师这里找到作为一个完整的人被接纳的空间。

第三阶段：立足坐标和方向，形而上与形而下的整合。通过泡在个案里不断练习和反思，其实已经不需要再频繁切换了，它们是共存的，都是临床工作必不可少的一部分，这时候所关注的眼下和系统便切换成了一个立体的坐标。

关注眼下意味着咨询师会看到问题，会直接去干预问题，而关注坐标，在于咨询师在看到问题后，可能去干预问题，也可能不干预；可能去共情来访者，也可能不共情。这时的重点不在于咨询师做什么，以及没做什么，而在于咨询师如何理解来访者呈现的问题，和想要提供给来访者怎样恰当的帮助。

咨询师可以灵活地做出选择，不再被理论困住，也不会被热情冲昏头脑，而是不断尝试对焦，当方向和坐标更清晰的时候，可能用更少的工夫，使更少的劲，找到一条更简单的路径，帮助来访者找到一条自我完整的道路，而非问题解决之道。

这个阶段最重要的收获就是：作为心理咨询师，助人的热情很重要，专业评估能力也同样重要（无论你是用什么样的理论体系），**既要看得到来访者当下的困境，也要从困境中看得到来访者的发展脉络，还要把这两者结合起来决定当下如何工作。**

在最近整合的这 6 年，我在每年至少 1000 小时的咨询中历练，从过去的专注眼前的问题，到大量把问题切入系统的转换，再到在形而上与形而下之间摆荡和调整，尽可能提供给每一个来访者适合的不同位置。来访者带着自己的困扰和问题而来，咨询师就需要用“善变”去承接不同的来访者。

所以，**我认为在每一个中长程咨询中，咨询师的改变必然大于来访者的改变。**当咨询师在训练中变得足够灵活，可以在方向和坐标中间审视、切换、移动、后退、思考，以此来校对和调整自己的位置，来访者就会从咨询师那里学会这些成长的步伐，体会到真实的成长是如何发生的。

无论是咨询师，还是来访者，如果心里没有方向和坐标，就哪里也去不了。

方向需要我们展开成长图，去看到隐身于成长背景中不变的架构。**坐标**是外显的动态点，是我们一直看得到的（也可能是微小的），是在架构中不断变化、挪动的点。

方向加上坐标，就构成心理咨询核心胜任力最重要的**双重评估系统**，它包括**静态评估系统和动态评估系统**。

静态评估系统，可以从症状学、人格结构诊断，也包括我用的自我成长评估结构。这个系统是**先有一张常态的标准图，再把个体从横坐标跟大量的其他标准对照来做判断，找出差异**，它存在的意义在于，**看到一个人跟其他常模标准的不同，好辨认出存在问题的地方。**

动态评估系统，是**从纵坐标通过跟自己对照**来做评估，就是把你的当下和过去、未来结合起来做比较，从而看到你的坐标是如何在静态的背景中位移的，它存在的意义在于，**看到一个人的变化和成长是如何发生的，有哪些地方在阻挡你前行，又有哪些新的能力正在萌芽和发展。**

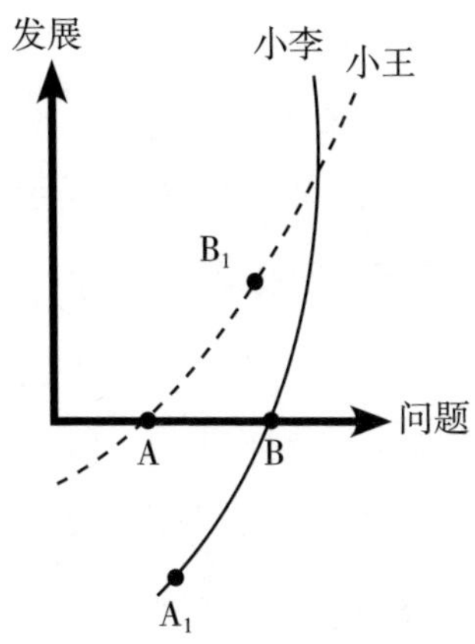

图 6-1　双重评估系统

如图 6-1，有两个人小王、小李，假设他们同样是 20 岁，小王存在着明显的交际困难，有社交回避的问题，已经影响到了他的学业和同学关系，而小李并不存在这样的问题。

从问题的横坐标来做静态评估，就可以同样在横轴的社会交往上，A 点和 B 点之间存在很大的差距，如果只是要小王的 A 点改变成 B 点，这几乎不可能发生，因为不在小王的发展曲线上。

再加上发展的纵坐标，我们可能看到一个正常标准的小李，可能是经历过一个从 A_1 发展到 B 的过程，然后再看小王的 A 点要发展，会沿着他的成长曲线到达 B_1 点，这时候小王的交际问题才可能有改善。

那么咨询师既看到小王眼下的问题，也知道普通标准（小李）的发展脉络，就可以在心里假设出小王的发展过程。这里A是来访者现在的坐标，往B_1发展就是成长的方向，容纳从A到B_1的发展，就是成长的过程。

对于一个成熟的咨询师来说，这两个评估系统相互协作，让咨询师可以切换工作的焦距和焦点，可以做到更加节制和有的放矢。这类似于一个人骨架的作用，要有了这些硬结构做依托，理解和共情才能入木三分。

同样，这也可以成为每一个想要自我成长的人理解自己的一种方式，当一个人逐渐开始具备这两种眼光时，自我支持、自我接纳、自我理解将变得更加容易。

一、静态评估：自我成长的三层结构和六个阶段

对咨询师来说，先评估，看到来访者的问题归属，才能定位大致的工作范围，知道需要做什么，不需要做什么。同样，对于想要成长的个体来说，先理解自己的问题是怎么回事，才会知道自己的成长方向。

我有时候会跟来访者讨论我对他们的评估和理解。曾经有一位来访者告诉我说：罗老师，当你告诉我对于这些问题的理解时，虽然我知道要解决这些问题需要时间，但内心有了一种从未有过的踏实，这让我感觉到被理解，也看到了更多的

希望！

根据不同来访者遇到的困境和寻求咨询的成长需求，我把来访者的问题分为三个归属区间：**情绪层、关系层、社会层。**

这就是自我成长的三层结构，它们有**逐级递进**的关系。**当个体的发展在哪一层受到阻碍最大，反复出现的问题最多，就可以大致断定被困在哪一层结构里。**

如果在两个或三个层面同时有问题，以最前端的、更紧迫的问题来定义。比如，同时有情绪层和关系层的问题，以情绪层为主；同时有关系层和社会层的问题，以关系层为主；同时有情绪层和社会层的问题，以情绪层为主。

当一个层面的需要未被满足，往下一层的发展就会遇到阻碍。

情绪层主要是以情绪需求为中心，自我感受以压抑、迎合、委屈和愤怒为主，最渴望被看见、被理解，在关系里的表现是难以自控的情绪，要么隐忍，要么爆发或崩溃。

关系层主要以关系需求为中心，自我感受以热情、挫败、生气和无力为主，最渴望爱和价值认可，在关系里的表现是坚持自己是为了获得认可。

社会层主要以社会现实需求为中心，自我感受以节制、冷静、回避和沉稳为主，最渴望的是现实需要或欲望的满足，在关系里的表现更看重现实的需要。

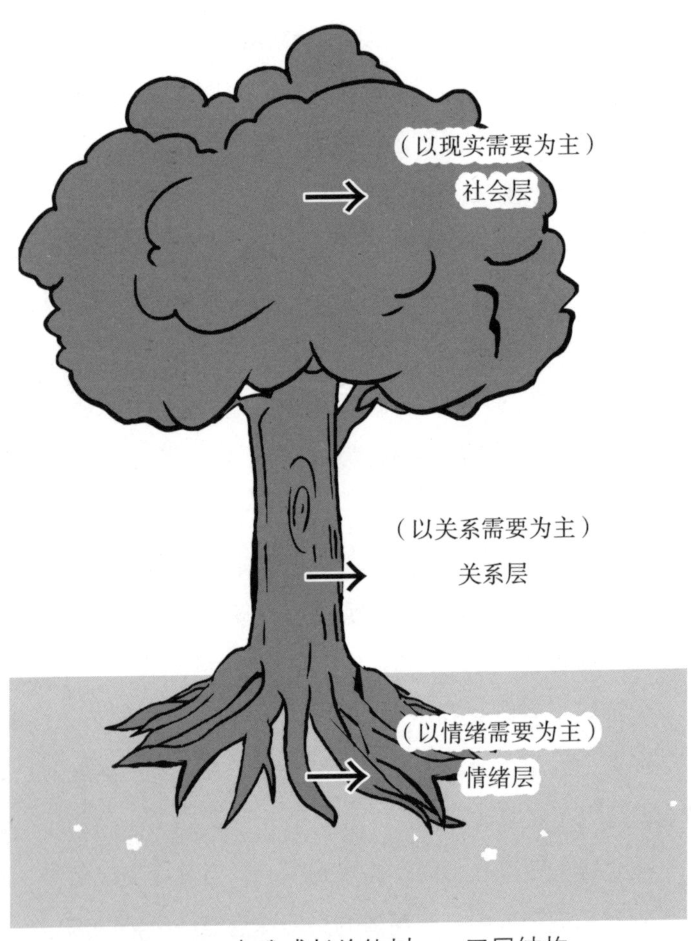

图 6-2　自我成长价值树——三层结构

表 6-1　三层结构的区分

归属区间	需求	自我感受	渴望	表现
A 情绪层	情绪	压抑、迎合、委屈、愤怒	被看见、被理解	情绪压抑、爆发或崩溃
B 关系层	关系	热情、挫败、生气、无力	爱与价值认可	坚持自己为了被认可
C 社会层	现实	节制、冷静、回避、沉稳	现实需要、欲望满足	看重现实需要

这三个层次每一层需求都有很大的不同，每一层需求的满足都需要前一层发展出来的心理结构做支撑。

比如，被困在情绪层的人，如果没有经历足够的被看见和被理解，很多自我冲突就无法被自己整合，就无法结实地到达关系层去承受关系的冲突。

同样，被困在关系层的人，如果没有体验到关系里的被爱和认可，如果没有一些现实的损失让自己权衡，就不能从关系的需要里回撤自我力量，进入社会层表达自我欲望。

这三个层次是粗略的大结构，如果根据更细致的发展阶段的不同表现，每一个层次又可以分为前期和后期，共有六个阶段（参见表 6-2）。

表 6–2　自我成长的六个阶段

六个成长阶段	表现	主导
–C 社会层倒挂阶段	结果导向	自我否定，理智主导
A_1 情绪层前期	自我压抑	自我否定，情感主导
A_2 情绪层后期	自我冲突	自我冲突，理智与情感的冲突主导
B_1 关系层前期	关系冲突	自我支持，情感主导
B_2 关系层后期	自我实现	自我支持，理智主导
C 社会层	雌雄同体	自我信任，理智与情感的整合主导

社会层倒挂的结果导向阶段

以自我否定的理智为主导，这种理智并非是一种选择，而是带着不安的迫不得已，必须要获得某些出色的结果才会感觉自己有价值，所以无法停下来，一旦停止就会深感不安。处于这一阶段的人，大多是工作狂，可以获得一定的社会成就，但是到达中层以上管理角色就会倍感吃力。

情绪层前期的自我压抑阶段

以自我否定的情感为主导，无法做到自我支持和自我接纳，很容易自我攻击，觉得自己很糟糕，容易合理化对方的需要，压抑自己的需要。处于这一阶段的人，经常自我反思，在关系里遇到不满会归因成自己的问题，常常不明理由地生气，或者情绪无法自控。

情绪层后期的自我冲突阶段

以理智和情感的冲突为主导，相比前一个压抑的阶段，过去压抑的自我感受更多被激活，所以在这个阶段不再往理智或情感一边倒，会明显感觉到矛盾和冲突更多。比如，有一个人很不喜欢自己的工作，从情感的位置上讲是不愿意去工作的，但是理智的位置需要考虑到生存的需要，又不得不去上班。于是，在逃离上班的时候，觉得自己不应该这样；而在上班的时候，又很不情愿，这就是自我冲突阶段的体现。

关系层前期的关系冲突阶段

是以自我支持的情感为主导，那些总是要权衡、周全和得体的部分，最容易被喷涌而出的感觉穿破，只是这跟情绪层前期难以抑制的愤怒的区别在于，这时候的感受是被个体自己知晓的，而难以抑制的愤怒阶段其实对自己的感受并不知晓。这时候明显的关系冲突，是因为越来越强大的自我要寻求在关系里放置自我的空间造成的。很显然，这是一个对关系整体发展来说积极重要的阶段，却把很多人吓住了，如果这些表现无法被识别、理解、确认和支持，很多人会在这里开始后退，回到自我冲突阶段，甚至是自我压抑的阶段。

在关系层后期的自我实现阶段

以自我支持的理智为主导，当个体既能自我支持，又无法从关系里获得更多的自我满足和认可时，随着某些现实挫败和碰壁的出现，个体对关系的失望与日加剧，那些过去大量投注到关系里的能量开始回撤，重新指向个体发展自我价值的需要。

社会层的雌雄同体阶段

以理智和情绪的整合为主导，这是男性和女性特质的结合，既可以发展出不错的社会现实功能，也可以在情绪和情感的位置有空间来理解自己和他人。这一阶段没有特别浓烈的味道，一切都是淡淡的，却可以非常清晰且坚定地达成目标。心理发展到达这个阶段的人，可以在遵循社会交换原则的前提下，找到和完成自己的使命。

对于自我成长的三个层次和六个阶段，需要清晰的是：

首先，每个人都是可以成长的。

每一阶段的发展都有其根基，根基不牢就无法向上发展，根基大多跟一个人最原始的安全有关，这跟原生家庭和成长资源有着分不开的联系。

比如，如果你被卡在情绪层，便没有发展出处理情绪和关系的能力，可以说明你的原生家庭没有给到你足够的回应来支持你长出强壮的自我，更无法在关系层给到你积极有效的示范模板。我在咨询工作中无数次验证，当我看到许多深受情绪困扰的女性时，其实她们的母亲也同样常年被困在情绪层。

但是原生家庭存在的问题并不意味着这些女性会一直被困在其中，只要重新找到能支持自己成长的资源，她们通过心理成长，便可以重新发展出处理情绪和面对关系的能力。

其次，可以通过六个阶段来理解自己。

经常有人问我这样的问题：为什么别人做得到，我就是做不到？我感觉自己太差劲了！

如果你看到自己在哪里，便可以宽恕自己。别人能做到你却做不到，因为你跟别人不一样。这不是因为你没有做好，或者是不够努力，而是你可能需要更多的成长资源，才能到达别人所在的地方。

比如，处于自我压抑阶段的人，总是会生气和情绪爆发，这是因为在成长的过程中极其缺乏被镜映的体验，在情绪被激活的位置，从没有被他人接纳的体验，在体验里就不知道如何接纳自己的情绪，即便进入关系也很难获得理解，要么只能硬撑着，等撑不了时情绪就泛滥成灾了。

当不断重复这些经历的人，真正理解自己的问题是怎么回事时，才会放过自己，不再苛责自己，可以坦然承认面对这些问题时的挫败、无力和脆弱，才能重建自我情绪识别理解的通道。

再次，可以通过六个阶段确认自己的成长方向。

这三个层次和六个阶段是非常清晰的，很容易辨识。最大的好处是，让许多在成长路上迷茫的人，可以通过对标，快速找到自己的位置，理解当下的困境和找到未来的成长方向。

当一个人有了方向，就好比在黑夜里走路，突然看到了天空中的启明星，你会知道在这条路上走着无数个跟你一样的人，你们可能有过类似的创伤，你正在和他们一起穿越同样的黑暗，而你的前面还有许多人走过的路，你并不是孤独一个人。

我在 2022 年年初的时候，开设了由五堂课组成的《自我成长核心定位课》，很多学员在听课之后反馈，说一直想要自我成长，直到听了这几堂课才清楚自己的问题，以及明白成长的方向。也正因如此，才促成了现在这本书的出版。

如果你觉得自我成长六个阶段太复杂，你可以简单从三个层次来理解，会一下子清晰很多，可以理解很多的问题是怎么回事。

比如，当你有一位朋友跟你抱怨在关系里受了很多委屈，你给他分析关系是怎么回事，他需要在关系里做出怎样的改变，对方会感觉你很不理解他，因为他在情绪层的位置，最需要的不是获得现实的改变，也不是理解关系是怎么回事，而是他当下的情绪要被接纳和回应，借由这个被接纳的体验，他才内化出自我安抚和情绪处理的能力。

又比如，当你有一位朋友在关系里做了很大的努力，总想得到另一半的认可，又经常感到挫败时，你可能会觉得对方不如好好把精力花在自己身上，但他所在的关系层最需要的就是要在关系的磨合中学会妥协和建立自己的边界，当他在关系里的城堡建好时，他在关系里才会有安全感，然后他的精力才会从关系里撤回到现实位置发展自己。

面对成长，我们要多一些理解，少一些评判。每一层结构，每一个阶段，都有对应的功课，就像游戏升级打怪一样，每完整地经历一个阶段，获得了相应的能力增长，才可以面对下一阶段的挑战。

千万不要觉得别人应该更早醒悟，或者觉得自己走得不够快，在过去信息闭塞的年代，绝大多数的女性都缺乏支持系统，又被现实束缚，单靠自己能够用一辈子的时间走出某一个阶段，已经是极其幸运的事了。而如今的女性已经有了很多的觉醒，我亲眼看到我的一些来访者通过短短几年的心理咨询就已经突破两三个阶段，她们面对情绪、关系和现实都有了跨越式的改变。

也正是这些理解，让我现在招募心理咨询师时，会把个人体验放在非常重要的位置，如果咨询师没有足够的体验去理解自己的生活经历了什么，他便很有可能一直固守在一个阶段里，就不可能陪伴来访者突破任何一个阶段，也不可能去理解不同来访者的位置。只有咨询师在不断成长，才能理解来访者成长所经历的曲折和不易，才会有足够的空间来抱持来访者，来访者的成长才可以发生。

成长是一个自然而然的过程，我们所需要做的不过是活在这样的过程里，并对这个过程保持觉知。正如荣格所说的“当潜意识被意识化，命运将被改写”，我们要做的不过是一直把当下所发生的纳入自我意识，形成自我理解，如此便能在不断理解和接纳自己的过程中，将生命向前推进。

二、动态评估：成长的二元空间和三元动态过程

通过三层结构和六个阶段，我们对于自我成长就有了一个框架。框架的最大好处，就是把人从眼前的困境中抽离出来，具备远景的宽广视角。

比如，当你觉得内在自我冲突让你非常痛苦时，你知道现在是关系层的前期阶段，这些冲突有一部分会流向关系，而再到后期这些精力也可能会从关系里撤回自己这里。

这会让我们看到，眼前正在走的路并不是最终的路，路的前面还有路，这种视角的打开，会让眼前的困难变得更小，增强我们面对困难的信心和勇气。

这就是三元动态过程的雏形。二元空间是从一个阶段到另一个阶段的摆荡空间，而在这之外还有一个更高的位置或阶段存在，来悬挂这个二元摆荡的过程。

也就是说，当我们在 1 层，为了到达第 1.5 层而苦苦努力、

反复摆荡时，这个过程可能会让你非常痛苦。但当你知道了还有第2层的存在，它既有牵引作用，也有稳定作用，让你在看到希望的同时，也更加确认了当下的路是安全的。

举个例子，有一位女性正在为关系里激烈的冲突而苦恼，她对关系感到失望，这种失望同时也会让她挫败，感到灰心丧气，她想要的可能是自己的想法被认可和肯定，通过关系的确认来进一步感觉自己是有价值的、重要的。

这个正在努力实现却又阻碍重重的空间，就是成长的二元空间。这个例子中的女性，就正处于关系层前期的关系冲突阶段到后期自我实现阶段的二元空间。

而三元动态过程就是在二元摆荡的空间里加上一个新的支点，再往上一个阶段是雌雄同体阶段，这个阶段既可以在关系里获得价值确认，也可以在关系之外获得自己主体独立的价值确认。

有了这个支点，既可以容受关系里得不到价值确认的挫败，也可以把得到确认的满油感转化成新的自我实现的动力。

所以，成长的二元空间是一个反复摆荡的空间，而三元动态过程是一种动态的平衡，可以给我们充分的自由，进可吹响冲锋号，退可给予自己安全的防御，确保了成长的安全性。

每两个相邻的成长阶段之间的空间，构成了成长的核心二元空间，再加上下一个阶段的悬挂支点，就构成了成长的三元动态过程。

除了上面例子中提到的关系层前期到后期的二元空间，还有其他四个常见的二元空间：从社会层倒挂到情绪层前期；从情绪层前期到情绪层后期；从情绪层后期到关系层后期；从关系层后期到社会层。

这五个成长的二元空间，是顺位的发展，当一个新的营地扎好之后，过去浓烈的情绪的冲突和溃败就将不再发生。

比如主要的成长空间已经到了从自我冲突阶段到关系冲突阶段，那么就不太可能退回自我压抑阶段。当然，很多人在现实生活中感觉有这样的短暂退行，比如在关系冲突太激烈时，回过头来攻击自己不应该这样，这些感觉可能发生，但又会很快消散，然后继续回到目前冲突的位置。

这样回到过去的感觉里回光返照一下的过程，也属于三元动态过程，就是**短暂的退行会让我们更加感觉到自我的强大，也更有动力继续前行。**

所以，**三元动态过程，实际上在二元空间之外多了两个支点，一个是向上牵引的支点，另一个是后退时托底的支点。**

这两个支点的共同存在，为二元空间筑起了一道铜墙铁壁，这就像我们坐在一辆从山脚通往山顶的缆车上，缆绳线是成长线，缆车与缆绳的交接点是我们现有的坐标，缆车的前侧和后侧构成的坚实保护就是成长的二元空间，缆车的每一次前进和下滑都有科学的安全保障，这就是成长的三元动态过程。

表 6-3　女性主要的成长二元空间和三元动态过程

成长阶段	核心二元空间	上行牵引位	下行支撑位	三元动态过程
成为人	A_1-A_2	B_1	$-C$	$-C-A_1-A_2$ $A_1-A_2-B_1$
成为女孩	A_2-B_1	B_2	A_1	$A_1-A_2-B_1$ $A_2-B_1-B_2$
成为女人	B_1-B_2	C	A_2	$A_2-B_1-B_2$ B_1-B_2-C
备注：–C 社会层倒挂　A_1 情绪层前期　A_2 情绪层后期 B_1 关系层前期　B_2 关系层后期　C 社会层				

当我们把自己放置在自我成长的体系中时，除了清楚你的坐标，知道你要去往的方向，你会知道在这个过程中无论你是前进、后退还是原地不动，都是非常安全的。同时，你也会清楚，每个人目前的位置都是极其重要的，今天是你成长收获的结果，不会轻易失去，你也会通过成长到达新的位置。

三、突破成长的困境：女性的幸福取决于自我成长

我的很多读者和来访者会被情感问题困扰，我想专门用这一部分来讲，女性的自我成长跟情感关系幸福的关联。

首先要澄清的是，自我成长的目标不是为了解决情感的困扰，这只是自我成长附带受益的一部分。

我经常在分享女性自我成长的观点时，听到很多愤懑不平的声音：为什么男性在关系里没有做好，而需要女性成长？

这个声音其实是从关系冲突的位置来看，把自我成长的意思误会成要找自己的问题。**无比确定的是，我们的确不需要从对错的位置来看问题，更不需要自我怀疑和自我攻击。**

当女性有更多质疑的声音出来，这其实是有力量的，借助不满和愤怒的声音，自我开始变大，开始有了更多的自我支持，去打破为自己预设的理想化关系的模板，也直接改变了自己在关系里的位置。

所以，不论你觉得女性是否需要成长，你此刻的感受都非常重要。通过跟你的感受在一起，并保持对这些感受的觉察，加深对自己的理解，这就是一种成长。

1. 自我成长是找到一条意识化的觉醒之路去理解自己，而非改变自己

在成长的二元空间里，从关系冲突阶段到自我实现阶段，会经历不断的交替、摆荡，在关系里找认可，然后因挫败回撤精力，寻找新的指向现实的自我认可。

这里向上的牵引位是雌雄同体阶段，就是一个人的确可以期望获得关系里的认可和欣赏，但同时也可以在此之外获得很

多的其他认可和自我认可。

向下的支撑位是自我冲突阶段，会有更多的自我怀疑，我有错吗？我不够好吗？我需要改进什么吗？当然，即便有这些感觉出来，也无法把一些自我感觉再压抑回去。

所以，支持自己的主体感觉，是非常重要的。**关键不在于要不要成长，而是在于能否理解自己现在所处的位置。当你从不理解自己到可以多一点理解自己，这就是一种成长。**

同时，成长是一个很宽泛的概念，并不是所有人都要做同样的事情，而是要找到自己的位置，通过这些位置去理解自己，才能减少很多的迷茫。

我觉得目前对女性来说是一个非常好的时代，女性有很多机会去觉醒，去思考自己的人生，本质上，每一个女性成长都离不开这些位置，独处自洽，关系自在和选择自由。当一个人对自己的感觉更好时，就会往关系里走，当一个人在关系里的感觉更好时，就会追求更大的价值实现，这是一个必然的发展过程。

很多女性遇到的问题，像亲密关系的问题、亲子关系的位置、婆媳关系的位置等，这些都属于关系层的问题，而自我实现的位置就属于社会层的问题。这些问题就像是一个个的关卡，这意味着女性迟早会把自己作为一个独立的主体来考虑，这些问题便会在成长的过程中迎刃而解。

所以，**不是女性应该去解决某些问题或者为某些问题妥协，**

而是女性在顺着自己的发展需要往前走时，自然会解决掉这些问题。

核心在于，以女性为主体的压抑的发展需要可以被重新启动，而如果仅仅是想要解决问题，就有点南辕北辙了。**真正的自我成长，不是要改正自己的问题，核心是要把自己作为一个主体来理解、确认和夯实。**

因为受传统文化的影响，女性普遍会缺乏自我意识，习惯为了关系和谐、婚姻幸福、道德标准而压抑自己的感受，然而当这些自我感受越来越被自己忽略，在关系里也就越来越被忽视和不被尊重。而这些关系里传达回来失望、不甘或者愤怒等，都会帮助我们通往觉醒之路去理解自己。

2. 当女性经历足够的失望，才开始作为独立的主体存在

当一位女性问：为什么男性没做好，而需要女性成长？这里既有愤怒和不满，也有自己被束缚的位置，就是女性做得怎样，必须要相对于男性而言，相当于把女性放置于男性的附属位置，不能有自己独立的需要和欲望。

我曾经跟我的一位女性朋友聊天，她谈到在过去因为孩子教育的事情，她的许多想法都遭到了先生的反对。特别是，那些想法在执行过程中遇到困难时，不仅没有得到先生的支持，还遭到了先生的冷嘲热讽，在这个过程中，她无数次想到离婚。

然而，她还是力排众难，坚持了自己的主意，现在孩子各方面都发展得更好了。你们知道她先生怎么做，怎么说吗？他的先生对孩子开始主动投入更多的精力，并且还强调孩子今天的表现都是因为他的努力。

朋友说起来笑了笑，她现在已经不在意自己的努力有没有被认可，当她的先生来争夺功劳，其实就变相认可了她。

不知道亲爱的你是否对这些场景感到熟悉：**当你想要尝试时，你的想法可能会被否定；当你遭遇困难时，你的努力会被讽刺；当你拿到结果时，你的成功却成了别人的功劳。**

我知道看到这里，如果把自己代入其中的话，处于不同位置的人可能会有不同的感觉。

有的女性会说，凭什么要这么对我，难道人与人之间就不能相互支持和理解吗？

还有的女性会想，原来如此，或许我应该不怕被否定，在坚持自己上更勇敢一点。

也有的女性会像我朋友这样笑笑，我得到了我要的结果，这就足够了。

（以上 3 种不同表现，第一个是情绪层，第二个是关系层，第三个是社会层。）

注意，无论是哪种感觉，你都是有道理的。因为经历不同，所处的成长阶段不同，所以关注点也不同，我们仍然需要先理解自己的位置。

我的朋友在先生越来越多地参与孩子的培养之后，她开始更多地考虑一些更重要的事情，比如个人事业的发展、家庭财务安全等，她的脸上没有委屈感，拿到的现实结果让她得到了更多的支持，她也从幻想中的公主变成了家庭中的女王。

她说过一句话我至今印象深刻，也正是我想对所有女性朋友说的：

女性一定要有自己独立的想法，不能把男性当成行动的天花板，如果你清楚你要什么，那就勇敢行动起来吧，即便所有人都不支持你也没关系，去寻找你需要的资源，拿到你想要的结果。

我举朋友的例子，是想鼓励女性走出传统位置，允许自己有独立的想法，不要等着别人来安排你的位置，并敢于为自己的想法负全责，你将看到一个全新的世界。

3. 成熟女性的最终选择，变被动为主动

在谈两性关系时，我从不希望把女性放在与男性对立的位置，女性既要充分发挥自己的优势，也要充分发挥男性的作用，这是一个成熟女性最终的选择。

这里有一个根本的角色不同在于，你想当一个“兵”，还是一个“将”？“兵”更需要冲锋陷阵，跟他人争功劳，用自我牺牲换取他人颁发的功勋章；“将”更喜欢深谋远虑，借助所有的资源组合拿到结果。

《易经》讲阴阳：天行健，君子以自强不息；地势坤，君子以厚德载物。

就男性本身的阳性特质来讲，男性力量更具优势，更适合自强不息的冲锋；而就女性本身的阴性特质来讲，细腻柔韧的优势，使其更善于统筹计划，集结整合不同的资源。

有一首歌是这样唱的：我要稳稳的幸福，能抵挡末日的残酷，在不安的深夜能有个归宿……

女性如何才能有稳稳的幸福，那需要你首先知道自己要什么，从“我好不好”“我有没有价值”到主动思考“我要什么”，从客位到主位转换角色的过程，是非常漫长且曲折的，因为要穿越情绪层和关系层。

两层结构的限制，每一层都有一个坚固的天花板，对应着四个阶段要跨越，一比较就知道为什么有的女性在关系里会活得很自由，而另一些女性在关系里只会重复经历痛苦，这表面看来跟每个人的选择有关系，然而选择本身也代表着所在的心理位置，这就是背后的成长阶段所决定的。

从心理成长的角度来看，你对伴侣的选择，其实不只是你的选择。

按照自我成长的三层结构作为路标，女性自我成长的舒适目标，是可以实实在在到达社会层的。

社会层的女性择偶，在情感和现实中间会比较平衡。她们有着很好的自我价值感，不会以照顾配偶来获得价值，就撇开了一部分趾高气扬的“妈宝”男性；同时因为她们本身是自洽的，不会特别期待对方提供较高的情绪价值，又撇开了另一部分用花言巧语来建立关系的“假大空”男性。

排除这两部分，就避免了 90% 的女性在亲密关系里遇到的择偶问题。

我以前说过，关系是一种动态的过程，其实不是因为我们选择某个人就会怎样，真正考验人的是在日复一日的相处过程中如何照顾自己和守住关系的边界。

情绪层要学会的是自我照顾和安抚自己的能力，关系层要学会的是如何在关系的冲突中守住自己的边界，一个女性要想在关系里活得自在和幸福，这两种能力是必不可少的。

相对地，处于情绪层的女性，有很多的自我压抑、否定和冲突存在，当她们进入关系时，会非常小心地注意他人的行为和反应，会把很多不如意的事情归因于自己不够好、不值得。所以情绪层几乎在关系里寸步难行，除了压抑、生气或切断关系，对关系有许多说不清楚的情绪需要，不具备面对现实关系的回旋能力。

情绪层女性因为在感觉里自己是弱的，所以更喜欢找一个感觉上的“好人”，没有棱角，更少要求，不要有指责和不满就很好了。这样找到人的可能性有三种：

第一种，社会功能极弱，脾气却一点也不小，这部分被溺爱长大的男性，最容易激起情绪层的想要更多地照顾他人的心理，然而越多的付出会加重关系里的牺牲感。

第二种，用提供情绪价值来换取其他利益的人，比如骗取情感或者财物的“渣男”，因为他们会说很动听的话，但是在现实关系里会令人非常失望。

第三种，是情绪层择偶的顶点，就是社会层倒挂的男性，他们有着不错的社会功能，也能像模像样地做出情感回应，但是社会层倒挂的男性极其现实，这又让情绪层的女性很没有安全感，常常在关系里感觉很委屈、很孤独。

所以，处于情绪层的女性因为内隐的需要导致择偶空间里陷阱重重，会遇到“妈宝男”“渣男”，被精神打压、被出轨都是很常见的。本质上，情绪层是一个充满幻想的位置，现实感极弱，这会让许多想占便宜的人有了可乘之机。

我们再来看关系层，因为有了更多的自我支持，可以在关系里守住自己的边界，也能承受关系冲突的张力，但是关系层最大的需要是希望对方能理解自己，进而认可自己，承认自己作为一个独立的主体存在，在这一层常常会有许多无法避免的关系冲突。

处于关系层的女性开始有了一种强势，但这种强势在不被认可的时候，又会像泄了气的皮球，突然就感觉没有什么意义。那些内在因为强大的自我支持向上涌动的力量，会无法抑制地喷涌而出，就是要怎样，一定要怎样，会显得有点偏执，但这放在成长脉络里是完全可以理解的。

因为关系层有了更强大的自我，所以对待关系不再像以前一样一视同仁，较少受道德绑架，心里开始有侧重点，也能忍受一部分负面和不被认可的评价，所以关系层的女性择偶的社会功能会比情绪层好很多，因为内心越来越强大，也能承受住一些眼光，现实感越来越强，社会层、社会层倒挂的男性都可以成为她们很好的配偶，情绪层的男性也会想依赖她们。

当我们从不同的成长结构的位置来看择偶可能性的话，情绪层几乎不可能找到社会功能强的伴侣，因为社会功能强的男性看人的眼光会很现实，这是情绪层几乎不能忍受的。那么如果情绪层找到社会功能不够好的伴侣，又会不断埋怨和指责对方。

而到了关系层就差不多有半只脚落地了，幻想也相应丢了一半，这个阶段就是在做能屈能伸的练习，“伸”是为了支持自己，“屈”是为了满足自己的需要或欲望。所以如果说在情绪层很多情绪和行为是迫不得已的话，在关系层就多了一种女性在看清处境之后的选择。有很多女性会在到达这个阶段时，突然感觉自己聪明了很多，能看明白关系里的很多事情。

关系层女性的这种能屈能伸，相对应的就是伴侣能屈能伸的功能，所以关系层女性找到的伴侣理解和尊重人的可能性更大，社会功能也会更好。再到社会层的女性，对自己的需要非常清晰，主动性会变得更加明显，对情感和现实都有清楚的判断，她们几乎只会找社会层的伴侣。

看明白择偶背后的心理逻辑，女性就会明白为何要回到自我成长主线上来。**看起来每一位女性都在选择自己的伴侣，实际上是心理发展位置决定了选择的范围。**

女性择偶的底层逻辑就是，**你不会去找一个心理结构发展得比你更好的人，如果你幸运地找到了，你也会自卑或者不安，直到你内心强大到可以跟对方匹配的程度。**

这就是我为什么一直强调女性要自我成长，因为你的心理发展的位置，几乎等同于择偶对象心理水平的天花板。只有从自己这里拔高了天花板，你在关系里才会抬起头、挺起腰，给自我一个充分伸展的关系空间。

5. 男性是婚姻功能的外壳，女性是内隐关系的核心

现在很多人会说，婚姻已经不像过去一样需要门当户对了，但是大家可能忽略了，择偶背后的心理结构仍然是门当户对的。

比如，被困在情绪层的女性会经常埋怨伴侣，不会思考自己在关系里扮演怎样的角色，也不会为了现实的发展去处理和解决问题。

如果这是一段极其糟糕的关系，为什么她们只会抱怨，而不会更多一点思考问题呢？或者哪怕是在关系里多一点坚持自我？

这是因为能感觉到自己内心的脆弱，没有足够的力量去建立自己的边界，从内心里也没有勇气去选择更好的伴侣（即便

可能经常说分手）。

那么一个经常被伴侣抱怨的男性为何可以一直忍受被抱怨呢？因为他们的内心也同样没有强大到可以反抗，因为反抗意味着要勇敢承担自己的责任。

这就说明抱怨和被抱怨的两方都处于同样脆弱的位置，这就是婚恋关系里的“门当户对”。

既然“门当户对”，那你缺的东西，对方也一定缺；你想要的东西，对方也想要；**当你们有共同需要的时候，唯一可以平衡的就是，你需要先具备给出你缺乏的东西的能力。**

这里听起来有一点谬论感，就像很多女性所说：“等我啥都不缺时，我干吗要找对象？”但现实是，你缺的越少，你找到的对象可能就越满意，对方能给你的就越多。

为什么呢？**因为找伴侣，就是在找一个跟自己相当的人。亲密关系是自己的一面镜子，自己也是关系的一面镜子。**这里，不是要去否定自己，而是要看到那些匮乏在关系里如何影响着你。

但是，值得庆幸的是，无论你一开始在怎样的位置，你的位置不是固定不变的；也意味着无论你最初选择的是怎样的伴侣，你跟伴侣的关系模式也不是不可改变的，你和你的伴侣都可以成长。

在做一些女性的中长程咨询时，我发现一个有意思的现象是，当她们在咨询中自我越来越结实之后。她们在关系里会发生两个变化：

一是以前能忍的事情，现在再也无法忍了；二是会用清楚地表达自己的需要代替情绪化。

比如，我的一位来访者，以前每次做了什么事情，都要跟先生说清楚，否则心里就会不踏实。而当她每一次去说的时候，内心都很忐忑，她怕先生会指责、质问或者怀疑她，觉得她没有做好。

后来经过一段时间的咨询，她发现再跟先生去说什么时，心里的害怕和慌张减少了。有一次，她的先生还是像往前一样责备她："你怎么一个月要花这么多钱！"她说："我花的每一分钱心里都有数，不需要你来质疑我！"

另外一次，她准备去参加一个行业培训，要出差几天，按照以前的惯例，只要出差的事，她都会一再拒绝，因为害怕先生不同意，她不得不避免参与单位的重要事务，她的职业发展也因此深受影响。这一次，她积极向单位争取出差，在拿到确定的结果时，她才把消息告诉先生。

她的先生大发雷霆，一再质问她："为什么你不提前讲？如果你提前讲我还会考虑，现在我就是坚决不同意！"

她没有害怕，也没有愤怒，只是平静地说："无论我什么时候告诉你，我知道都是今天这个结果，你总会有理由来否定我的需要。我现在只是告知你我的决定，不是征求你的意见。"

最终，她还是不顾先生生气，坚持出差。在飞机起飞的那一刻，她以为他们的关系就此结束了。谁知过了两天，她接到她先生的电话，先生出乎意料地对她多了一些关心，并问她什么时候返回，好去机场接她。

这位来访者回忆她走过的路时，说道："我原来对关系一直抱着很多期待，我希望如果我在关系里多一点照顾，多满足他，他便也能理解我，会主动考虑我的需要，我花了很多年来验证这样的假设是不成立的。如果我不能在关系里坚持自我，如果我一直躲在恐惧的背后，那么我在关系里永远都不可能被尊重，不可能被当成一个真正的人来对待。"

这或许可以给到大家一些启示：**如果你在一段关系中，把同样的期待放在一个人身上 3 年、5 年、10 年，甚至更久都没有任何收获时，除了想要离开关系，还可以思考自己成长被困住的位置。**

在我的咨询经历中，我无数次地看到，当一个女性可以直面自己的成长困境，开始从自己这里向内看，具备更多的自我意识时，那些过去的关系模式就失效了，一些新的关系模式会伴随着她们新的自我慢慢形成。

所以，女性要时不时改变认命的位置，不要自我安慰，不要自我怀疑，不要合理化对方的行为，而是要清楚地认识到，你是关系内隐的核心所在，你可以决定他人如何对待你。

本质上，女性的自我成长是一种对自己负责的态度，想一想你在关系里希望被如何对待，让自己先站在可以被如此对待

的位置，对方自然会调整他的位置，如果你的位置不曾改变，对方的位置也不会改变。

四、女性的自我关爱：越匮乏越要温柔地善待自己

很早以前，我就在想，我要写一本让所有的女性都看得懂的女性成长书籍，尽管我知道这个期待可能永远都实现不了，但我还是希望多一点的人来学习和理解成长的规律，多一点自我关爱，少一点苛责和自我怀疑。

自我成长的路本来就是磕磕绊绊的，有时候你觉得自己不应该，可偏偏就这么做了；有时候你对事情有了很多的自我意识，可还是会掉进同样的坑；又或者你是多么想要往前走，可偏偏退步一大截。这就是真实的成长，仿佛内心总有一些小魔鬼，在诱导着你的行为，跟你唱反调。

我希望可以跟你一起来发现这些小魔鬼，理解它们，关爱它们，为它们说话，与它们结盟，温柔地驯服它们，并接纳它们成为你永远的一部分。

如果你要问我，在我所有的咨询中，我的来访者可能最先受益的是什么？

我能想到就是，他们会先把自己当成是重要的，开始学习跟自己站在一起。

我最近刚见的一位来访者，我们工作了半年多的时间，她

以前习惯压抑自己的感觉，在遇到关系冲突时会感觉到挫败和羞耻，现在她的这些感觉消失了，她说："感觉到我有了一片美丽的花园，这是我的安全堡垒。"

听她这么说时，我感受到了她内心的安稳和幸福。她跟我讲，可以不再委屈自己了，如果关系里有让她不舒服的事情，她也可以灵活地说出自己的看法。

安全感是成长前行的粮仓，粮仓充足就越敢于往前探索。很显然，她已经具备了第一重安全感，我知道，这个美丽的花园是永远属于她的，无论别人如何看她，无论是否被爱和被重视，无论成功与失败，这片花园都像一个温暖的港湾，永远等着她回家。

这些安全感决定着我们可以走多远，决定着我们可以多大程度上在关系里活得自在踏实，也决定着我们多大程度上敢于展现自我价值……这些分别是：**存在安全、关系安全、价值安全。**

第一重安全需要是存在安全，属于情绪层的需要，需要感觉到"我值得存在"，在现实中能感到踏实、安稳、不焦虑。

第二重安全需要是关系安全，属于关系层的需要，需要感觉到"我值得被爱"，在现实中更多勇敢、自信、不怕冲突。

第三重安全需要是价值安全，属于社会层的需要，需要感觉到"我能创造价值"，在现实中能节制、沉稳、直面挑战。

图 6-3　自我成长的三重安全

这三重安全跟前面的自我成长三层结构一样，有先后顺序，只有第一层的安全需要满足了，才能往第二层走。否则就会承受不住第二层的压力往后退。

比如，如果一个女孩出生在一个很想要男孩的家庭，她已经是第三个女孩了，这样的她其实在家庭里是不受欢迎的。即便家人不说，但是这种隐匿的感觉会在她的心里埋下来。

直到她长大成人后，她可能会发现这种焦虑时刻都伴随着她，比如她一闲下来心里就发慌，她必须不断要求自己在所有方面做得越来越好，然而即便取得了任何成绩也无法认可自己，如果做得不好就陷入深深的自责和怀疑之中，觉得自己一无是处。

这是一个一出生就被埋入地平线之下的例子，她的存在安全一出生就被打破了，她虽然来到了这个世界，却是不被欢迎的。当存在安全都无法获得保证的时候，关系安全和价值安全就不可能建立起来。

这在生活中极其常见，很多人一辈子都不明白为什么会一直被焦虑裹挟。**只有他们开始对自己的经历有意识，才能跟别人一样平等地站在地平线以上，把自己当成一个活生生的人来看待。**

这就涉及一个来访者经常问我的问题："如果我知道我不安全，我就是无法感觉安全呢？"

我会说："那就先允许自己不安全吧！比如，你知道了自己就是避免不了焦虑，那如何多一点理解和照顾焦虑之下的自己？”

就好像我告诉一些来访者，过去你可能会责怪自己有这样那样的问题，而如今你知道了一切都有缘由，你就永远多了一条“逃生通道”，在任何你承受不了的时候，都可以主动选择逃到熟悉的地方。

可能有人会质疑，这难道不是学会了更加逃避问题吗？

实际上，当我的来访者感觉到她们更被自己当成人来看待，她们可以自由进退，而非逼着自己必须怎样时，每一个人都变得更加勇敢了。

这就是心理成长和发展的核心逻辑：**如果你始终给到自己安全，坚持去理解自己，温柔地善待自己，你只会越来越勇敢、自信和强大。**

五、“真相”的还原：从过往经历中，释放成长的资源和力量

当我们从成长的三层结构回头去看一个人的成长经历时，我们会发现人与人之间是有着很大不同的。

虽然我们一直在强调人生而平等，我们拥有同等的被尊重、被爱、被认真对待的权利，也有着丰富的自我发展的可能性，但是每个人的成长资源是不同的，因为这些不同的资源的组合，

我们作为一个人能发挥施展的能力和力量又是不同的。

这意味着，有些事别人的确可以更轻松地做好，而你费了很大的劲也做不好，这需要我们去看到自己的背景，看到自己缺失的部分，看到别人可能在原生家庭里得到了而你没有得到的部分。

在我跟一些来访者的交流中，我看到原生家庭是让很多人充满疑问但又感觉危险重重的地方。

很多人会担心看到自己成长的缺失而埋怨父母，也有很多父母一直不希望孩子看到自己养育的不当，一直希望弥补或掩盖过去带来的影响，这可能对于暂时的关系和谐是有帮助的，但对于长远的发展或者真正关系的亲近是有害的。

只有当一个人看到自己从哪里来，看到自己成长中缺失了什么，他才能从这种“真相”的还原中第一次活过来，不再把太多的精力指向自我攻击，开始更愿意去照顾自己的缺失，去学习掌握那些曾经未掌握的生命技能。

如果我们隐藏了这些还原的过程，我们就会不顾自己的过去，对自己提出极其严苛的要求，然而这些要求会以无法实现告终，最终我们会完全丧失对自己的信心，也封锁了理解自己的通道。这样，一个人的生命活力就被抑制了。

如果你是孩子，不要怕看到父母的不好，你可能会埋怨，可能会恨，这也是帮助你去真正爱和理解他们的通道。只有你看到他们不够好，看到他们的局限和阻碍，看到自己的失望和无奈，你才能把自己和他们剥离，开始独自长大，去突破过去他们不曾突破的天花板，并带着他们给你的好的部分更好地生活。

如果你是父母，不要担心孩子看到你的不好，看得到意味着他们要长大了，你应该对他们开始尝试着拥有自己独立的想法感到高兴。

他们可能现在会记恨你，也可能在将来更懂得如何爱你，这是你们要获得心与心连接的最重要的通道。

还有，很重要的是，他们可能会以他们自己的方式来突破曾经卡住你的困境，这或许会让你担心和恐惧，这份勇敢也应该获得更多的祝福。当你看着他们独自走过那些困境时，你也可以从他们那里学到穿越你自己困境的能力。

所以，孩子和父母，并非是既定不变的角色，有的路父母走在前面，等父母走不动了，孩子再跟上继续往下走。生命的延续和传承，需要这样一个不断更替发展的过程。

这需要父母和孩子共同的勇敢，父母敢于承认自己的局限，孩子敢于面对自己没有理想父母的失望，落到“真相”的现实中来，问题即资源，可以帮助人们更有力量地往前走。

举个例子，我有一位来访者，最初来咨询的时候，她告诉我说她有一个很好的妈妈，只是爸爸爱发脾气，很糟糕。可在现实里，我们注意到一个现象，她在同事关系或婚姻里都有很多怨言，并且有很多对自己的攻击，还有对母亲的内疚。

慢慢地，我们找到了一个暂时的“真相”，她的妈妈看起来帮她做了很多事情，但几乎所有的事情都必须按照妈妈的意思来做，否则她的妈妈就会生气，而她就会内疚。妈妈虽然在帮助她，但也不允许她有自己的想法。

再后来，她发现妈妈还特别依赖她，大到买一套家具，小到买一个衣架都要问她的主意。这里大家可能会有疑惑，一个什么事都要问她主意的妈妈，是如何不允许她有自己的主意的呢？

实际上，当妈妈需要做决定的时候，她需要女儿拿主意，而当女儿有任何自己对生活的想法时，她总是会找出更多的理由来回绝，这里面充满了面对变化的担忧和恐惧。

比如，孩子将想买房的念头告诉妈妈，妈妈会说，要是买了房价跌了，亏了怎样办？然后在网上和报纸上搜罗一系列的买房骗局发给孩子。

这样跟母亲的关系，对她的影响是，当她想要尝试什么，内心都会充满恐惧，无法行动。她需要像“小马过河”一样花很长时间来蓄积力量，才能迈出第一步。

同样，在面对关系中的不如意时，她和妈妈一样有很多的不满和抱怨，但不能坚持自己的需要。对于一个人来说，最重要的三种能力“处理情绪的能力”“处理关系的能力”“社会化的能力”，其实妈妈一个也不擅长。

妈妈处理情绪的方式是埋怨他人，处理关系的方式也是埋怨和道德绑架，社会化的能力关于如何做选择，如何取舍和进退，如何追求自我价值的实现也没有得到发展。

所以，如果她真的觉得自己有一个很好的妈妈，那么妈妈的位置已经是她可以到达的最高位置了，那她自然就走不动了。

通过对妈妈的还原，我们看到了她想要独处自洽、关系自在以及追求更大的价值实现，这些功课对于她的原生家庭来说是空白的，她也需要重新学习。

当她可以在内心做出这样区分的时候，也就是她跟妈妈从心理上产生分离的时刻。她心里那个理想化妈妈的角色被现实中的妈妈所替换，由此带来的帮助是她开始多一些理解自己，自爱的感觉就真的从心里长出来了。

理想化父母角色的破灭，最终带来的却是一个人开始真正懂得并愿意去照顾自己内心那个脆弱的小孩，这种转化对个体来说就是一种新的资源，充满了力量。

每个想要从心理上长大的人，迟早都需要经历一种现实的确认，我们必须承认自己没有足够好的父母，以此作为给自己的交代，然后才会有一个新的自我破壳而出，去担负起那些希望父母来为你做的事情。

当然，我们也需要认识到“真相”的还原并非一蹴而就，它是一个系统的工程，进退交织其中，因为每一次看见和剥开都是一次冒险，里面潜藏着未知的伤痛，就好像潜入深海，压力和困难是必然的。

无论怎样，生命的韧性是惊人的，向上生长的机缘也从未停止，这给予我们很多机会去看见并疗愈过往的伤痛，然后重新活出自己。

当那些生命中无法绕开的问题，迫使我们一次次跟过去的模式产生碰撞，正如临床心理学家约翰·威尔伍德所说，“当我们看到和感受到在过往关系中被卡住的方式时，一种向新的方向前进的欲望自然开始在我们心中激起，然后我们的道路开始展开”（约翰·威尔伍德，2014，P230）。

如果你愿意持续地相信，并拥有百折不挠的决心，你会在这条曲折的人生长河里一次次回溯自己生命的起源，并在一个个转弯处与脆弱、伤痛狭路相逢，也接受它们馈赠的礼物，你便拥有了可以面对一切困难的谦卑的、美好的、坚韧的力量，和一颗金子般宝贵的心。

第七章

成为人：回归安全的依恋，进入丰富的人性体验世界

虽然谁也无法回到过去，完成新的开始，但谁都可以从现在开始，完成新的结束。

——卡尔·巴德

像一个新手司机一样确认完成长的方向和坐标，接下来我们就要真的开始上路了！

我会把你看作一个老司机，我希望你也可以如此看待自己，**尝试并习惯从自己的经历中找到经验，比任何人告诉你应该怎么做更重要**，这是自我成长非常重要的一环。

只要你开始上路，无论走多远，遇到多少困难，获得过怎样的成长或突破，哪怕是问题反复或后退，你都可以从中找到大量经验去理解你自己，指导你今后的选择和行动。这就是潜意识意识化的落地。

接下来有三个紧密相连的章节——“扎根、生长、绽放”，你将看到很多类似的作为一个女性成长的共同体验，会让你对接下来要走的路更有信心。

“扎根、生长、绽放”分别代表着**自我成长的三个阶段，情绪层的扎根，关系层的生长，社会层的选择。**它们的划分并没有明确的界限，就像前面谈到的二元成长空间和三元动态过程，有时会前后移动，比如有的人在关系层的前期仍然有继续扎根的需要，也有的人在关系层的后期已经有选择的灵活性了，这是因人而异的。就像每一株植物从不同的种子里破壳，长在不同的土壤，花期或者长成参天大树所需要的时间也是不同的。

同时，这三个阶段还对应**女性成长的三个阶段：成为人，成为女孩，成为女人。**（这里的“人、女孩和女人”所代表的不是物理的身体，而是心理意义上的。）

对于“女性成长”，我必须要做一个区分，大多数人理解的女性成长是要变得更好、更成功、更优秀、更没有问题，甚至要变得更完美，而我这里讲的女性成长是一个完全不同的概念。我讲的“女性成长”更多定义为：

一个女性关于自我发展的正常需要，因为过往成长资源的匮乏，或因成长环境和过于巨大的创伤造成的发展停滞或退行的部分，可以经由恰当的激活、确认、意识化和资源的补充而重新获得发展。

这些发展停滞的部分可能会穿上不同的症状或者问题的外衣，让人难以识别，或者常常被误会为这是一种不该有或应该被消除的症状。比如像情绪化的问题，亲子关系的问题，亲密关系中缺乏安全感，人际关系的问题，婚姻中的牺牲感和道德绑架，婚姻中的矛盾和冲突，婆媳矛盾，社会功能薄弱或缺乏，等等。

所以，女性成长，不是为了解决某一个问题或消除某一种症状，更不是要成为别人眼里更好的人，而是**要找到作为一个活生生的人存在的安全体验，以及在这样的基础上去发展关系联结和创造自我价值。**

也就是说，**女性成长必须以女性这个人作为主体，促成女性自我的形成、发展或夯实，并始终不能忽视对女性处境和发展位置的理解和共情。**

我们这一章要谈的情绪层的扎根，成长的核心任务是找到“成为人”的感觉，开始感觉到自己是一个活生生的人存在于这个世界，内化自我接纳和理解的**母亲功能**，开始发展情感的功能，体会到作为一个人存在的基本安全感。

情绪层发展成功的标志**开始有自我感，自我冲突和内耗减少，较少体会到焦虑和恐惧情绪，并开始有想当女孩的渴望，渴望得到一个有力量的父亲的爱。**

在下一章的关系层的生长，成长的任务需要找到“成为女孩”的感觉，也就是女性俄狄浦斯情结的转化过程，确认自己是值得被爱的，这个阶段中发挥最重要的影响的是父亲功能，发展理智与情感转换的能力。

关系层发展成功的标志是**自我的夯实，产生指向父亲的爱的渴望，并在失望后开始后撤，具备更多面向外界的勇气和力量。**

第九章的绽放属于社会层，这一层的任务，需要找到“成为女人”的感觉，这个阶段发挥最重要影响的是一个成熟的男人而不再是父亲，男人的功能在于灵活、变通和游戏的需要。

社会层发展成功的标志是**成为一个柔软和力量皆具的女人，是可以幸福生活的女人，也是有能力去自我实现和创造的女人，并能在自我阴性和阳性力量的冲突中找到适合自己的位置。**

表 7-1　女性成长的不同阶段

成长姿态	成长阶段	需要的功能	成长任务	发展成功的标志
扎根	情绪层	母亲的功能（情感）	成为人，产生自我感	对有力量的父亲的渴望
生长	关系层	父亲的功能（理智）	成为女孩，自我夯实感	具备面对社会的勇气和力量
绽放	社会层	男人的功能（整合）	成为女人，选择的灵活性	找到自己的位置

一、存在安全：强壮的根——内在稳定

每一个人的成长，都离不开从个人到关系，再到社会化的过程。

首先，需要能感受自己作为一个人存在的安全，在我们的内心慢慢有了一个让自己停靠的安全基地，可以给到自己理解和接纳，可以给自己鼓励和肯定，减少浓烈的焦虑、恐惧和自我攻击。

再借助这个安全基地为自己提供强大的支持，具备更多的勇气去探索两个人的关系；当在两个人的关系里感受到安全时，便有了更大的信心去探索三个人及以上的关系。

随着我们内在安全基地的建设逐步向前推进，从个人到关系再到社会，相对应的是我们的安全舒适区的逐步扩大，也就意味着我们可以发展和历练的空间变大。

经由情绪层的发展到达**存在安全**，这是一个人感觉到自己成为人的过程，也是自我接纳和理解形成的根基。当还没有这个安全基地的时候，我们就无法发展出很好的关系能力和社会功能。

我的一位来访者谈到她的处境时说："我是想要远离我原生家庭的那个人，但又是一直留在父母身边的人，我不想与他们纠缠不清，可又一直纠缠不断。"

她的描述可以侧面解释情绪层的扎根对一个人成长的重要性，当你的根还不够强壮时，你就无法向更广阔的世界伸展，就像一只被折断了翅膀的鸟儿。

存在安全的最初体验，是直接由养育者给到我们的，是我们在这个世界上感觉自己"好不好，会不会被喜欢"的第一手资料来源。

如果一个人从养育者那里接收到更多的是“我不好、我不值得被喜欢”，这种基调会被无意识地带到之后的人生的所有关系里，形成自我印象的负面评价底色。

这就是情绪层前期自我压抑的位置的来源，会有很多的自我攻击、挑剔、否定，几乎所有不好的结果都归因于自己，几乎所有好的结果都归因于他人。处于这一阶段的人，常常有过于强大的“超我功能”，这是因为内化了父母过于严苛的眼光，所以几乎无论自己怎么努力，都会被自己定义为不够好。

我的来访者曾把这个阶段形象地比喻为“我被活埋了”，这也是出现严重心理、精神问题或身心疾病最多的位置，当那些被长期压抑的自我发展的动力冲破超我的防守，男性大多会优先从极端的行为中释放，女性大多优先从身体疾病中体现。如果动力直接从情绪层爆发，就是激烈的情绪化或者行动化，如果动力发展的所有通道都被堵死了，最直接呈现的就是抑郁甚至是自我毁灭。

到了情绪层的后期自我冲突的位置，就像“还有半截身子在土里”，前期的自我攻击变淡了，成了自我怀疑，想相信自己又不敢相信自己，这里有了一种新的可能性——“我觉得自己可能是好的，可能是对的，可能是有道理的”，这种可能性所代表的是**作为一个人“生存”的全部希望。**

只有感觉到这种可能性存在，才会有后面进一步对关系的渴望。

存在安全的需要，是作为一个人生存最基本的心理需要，因为心理需要是看不见摸不着的，所以很多人不理解这个位置的重要性。我们可以从一些症状来加深对这个位置的理解。

比如，有一位女性，总是交替陷入情绪爆发和自我责怪当中，只是因为一些芝麻大的小事，妈妈和先生都觉得她脾气太古怪，她很想改掉这样的坏毛病，可她仍然会一直重复这样的模式，她为此十分苦恼。

还有一位女性，在生活上很邋遢，可以一个星期不洗头、不刷牙，经常错过重要的事情，比如错过飞机登机时间和地铁站点，并经常因为拖延完不成工作任务，每天下班回家就疲惫至极，常常会刷手机到深夜。

另一位女性，对孩子抱有非常执着的幻想，她的一切努力都是为了孩子，当孩子稍微觉得她做得不够好时，她就会萌生出“不想活了”的念头。她觉得如果没有孩子，自己活着就没有意义。

第一位女性，她的妈妈是一位老师，很擅长讲道理，她常常无力反驳。比如她起床晚了，妈妈就会说：“你看看别人，谁会像你一样，这么晚了还赖在床上，你这个年龄该有上进心了，要以事业为重了。”

如果她略带不悦的语气对妈妈说：“我知道了，不要再说了。”妈妈就会很生气地说：“怎么，你做得不对，还说不得了，你就是听不进任何别人的意见。”

我问她："当你听到妈妈这么说时，是什么感觉呢？"

她说："我心里堵得慌，但又觉得她说的话很在点上，没有上进心这点我也是认同的。"

这是很多处于情绪压抑位置的人最常见的感受，当发生一件事情或者听到别人说什么时，**一方面隐约感觉到心里有很多想法在翻滚，另一方面却在不知不觉中认同了别人的观点，找不到反驳的理由。**

这里我们需要区分的是语言的表面和深层含义。往往有些话表面含义是没有问题的，都是一些听起来很对的道理，但里面潜藏的意思可能是评判、指责、否定和责怪，会激活一个人的深层情绪。

在这个例子里，这位妈妈的语言传递的表面意思是一些要求：你该有事业心，该以事业为重，再这样是不行的，你需要听我的建议。

除了看到妈妈的苦口婆心，还要看到妈妈说话的情境，在女儿赖床时妈妈说了这样的话，深层意思是：如果你现在还赖在床上，通过这件事我就已经给你下定论了，你就没有上进心和事业心，没有人跟你一样糟糕！你都这样不对了，还听不进建议就更糟糕了，你完蛋了！

这些深层的意思，正是让女儿心堵的原因，女儿在感受里接收到的是妈妈的评判：你就是一个不务正业、糟糕至极、油盐不进的人。这样的评价，换作任何一个人都会心堵。

这是很多女性在成长中被堵在情绪压抑阶段的原因，没有被当成一个活生生的有情绪感受的人去理解和尊重。当她在心理咨询里经历多次这样的情绪感受的澄清和确认时，她可以更快意识到自己为什么生气了，相应的情绪化和自责时刻都大大减少了。

在我们的咨询过程中，那些“都是我不好”的感觉在她的体验里得到校正，当她开始有了一些对自己的信心，面对生活的主动性便出来了。

像前面提到的另外两个女性的例子，无论是“生活不在线”，还是“一切为了孩子”，也同样受困于自我压抑的阶段。这时候她们最需要的不是理智告诉她们“应该怎么做”，而是更需要情感的共鸣和理解，需要有一个人开始把她们当成一个活生生的人来理解。唯有借助这样温柔的眼光，感受到足够确定的支持，她们才敢于去拨开那层充满希望的薄膜，正视自己身上活着的部分。

从事心理咨询十多年，我听到过很多人说：“心理咨询师的工作就是当别人情绪的垃圾桶，你怎么能受得了？”

我对于这句话是很不认同的。**情绪层在我看来其实是宝藏层，就像可以培育种子发芽的肥沃土壤，来访者带来的情绪也不是垃圾，而是一个个鲜活的生命在诉说着想要活得更好的愿望。**

这些曾经被压抑的情绪感受，是一个个新生命重新开始的地方，是自我诞生的土壤。种子在破土前的黑暗挣扎是非常不易和孤独的，所以才需要更多被理解和被看见。

所以，如果你有很多的情绪反应，行为容易冲动失控，或者有一些不明原因的身体症状，或许是你有很多自我压抑未被觉察。你可以先停一停，不要急着责备自己为什么没有做好，先给自己一些空间，去留意你内心涌动的情绪感受，这就是自我开始生根的地方。

而如果你已经有了一些自我成长的意识，已经习惯为自己的感受腾出空间了，但时常感受到激烈的内心冲突，内在有很多不同的声音，常常感觉内耗严重，这就已经到了自我冲突阶段。这时候你最需要的是像大树一样把自己的根深深地扎下去，不需要找到哪个声音是对的，而是接纳这些不同的声音都是你的一部分。

如果你正处于这两个阶段，一直缺乏被理解和被接纳的体验，并在身边很难找到理解自己的人时，可以寻求专业的心理帮助。先通过咨询师的陪伴、看见和接纳，足够安全地探索内在的体验，再借由这样的安全体验，发展出自我理解和接纳会更加容易。

二、停不下来的找寻：只有足够好的才是安全的

作为一名专注女性成长的心理咨询师，我的来访者主要以情绪问题、婚姻情感问题和亲子关系问题居多，这些问题的背

后更深的关联其实是依恋模式的问题。

依恋模式是一个人与身边最重要的人形成初始关系的模型，也就是人与人之间的情感纽带，这决定着我们在关系和社会交往中是否感觉安全。

根据心理学家约翰·鲍尔比的说法，在进化的背景下，儿童的依恋行为会进化，以确保他们能够成功地在照顾者的保护下生存下来。玛丽·安斯沃斯扩展鲍尔比的想法，将依恋模式分为 4 种：安全型依恋、回避型依恋、矛盾型依恋和混乱型依恋。

安全型依恋，在母亲和孩子的关系里，母亲在场的时候孩子会自然玩耍，当母亲离开时孩子会不安，等母亲回来时孩子又能足够放心，继续进行游戏探索。

回避型依恋，当母亲重新回来时，孩子会无动于衷，只是不停地探索周围的环境，去回避内心的渴望，从某种程度上放弃了对母亲的需求。

矛盾型依恋，即使母亲重新回来，孩子可能会表现得很被动地靠近，也可能会非常生气，会感觉到明显的冲突存在；混乱型儿童，会有一些激烈的行为反应，内心体会到某种无法解决的恐惧。（瓦林，2014，P18–29）

《心理治疗中的依恋》的作者大卫·瓦林（2014）认为：“最初受生物因素驱动的互动，在心理上会以心理表征的形式保存下来，并将持续一生，塑造着我们的行为和主体体验，无论

最初的依恋对象是否在场。”（瓦林，P31）

除了安全型依恋，其他 3 种依恋模式的出现，都预示着成年后不同程度的关系困难。这意味着具备不安全依恋模式的人，不曾在婴幼儿阶段体验到像鲍尔比所说的“与母亲之间拥有温暖、亲密和持续的关系，并在这一关系中双方都感到满意和享受”。

存在这样缺失的人，尽管因为不同的依恋模式在行为表现上会有很大的不同，但内心深处对安全依恋对象的渴望却是一致的，这意味着他们一生会用很长的时间寻找足够稳定的、不变的、亲近的关系，然而却又可能一次次同样以失望告终。

有的人会直接把这样的需要寄希望于所有的关系，包括恋人、孩子，甚至是朋友或者同事；还有的人会通过不断努力做好事情，来掩盖内心对关系的深层渴望。无论是哪一种都会伴随着长期的焦虑、挫败和自我否定。

前者会一次次对关系寄予新的希望，又一次次对关系失望，紧接着也可能会对自己失望；后者即便在不断地努力后获得了一些成果，但是他们对自己的评价并没有因此提高，一旦停下来就会被强烈的不安淹没。

产生这些行为的原因是，我们从来没有在一段关系中感觉过自己是足够好的、足够重要的。所以，才要重新找回来，通过某一段关系来找，通过让自己变得更好来找。

然而，这些渴望其实是跟过往的依恋模式反馈回来的回声冲突的，一方面渴望自己是重要的，另一方面在内心又不相信自己是重要的。

对关系的渴望极其脆弱，会阻挡我们进入更深的关系，去体会彼此的真实。没有安全关系体验的人会回避自己的真实，他们觉得当别人看到自己不够好时，自己就会失去关系，并且他们坚信别人一定会看到自己很糟糕的“事实”。

当他们非常渴望而小心地进入一段关系时，所带来的无法掩盖的不安，也会唤起对方的不安，当不安因为双方的共振而加大时，不安全依恋的人会迅速退出关系。这就导致了内在的发展需要在现实找寻中的不断退缩和受挫。

所以，如果没有经历一段“特殊”关系的转化，困在扎根阶段还没有形成自我的人，在现实生活中几乎很难建立起任何舒适、愉悦的关系体验，而缺乏安全关系的体验，又会导致被卡在关系的大门之外，一直处于孤独的世界边缘。

这就是成长的两难困境。我们的成长需要恰当的成长资源，但是又因为过去缺乏这样的体验，导致无法拥有这样的资源。

每一个成长阶段的矛盾和冲突，几乎都能把一部分人长年累月地封印在一个阶段。如果没有意识的话，我们将很难看到自己在努力寻找的关系，其实是无法在现实中找到的。

努力寻找缺失的完美关系，已经无法替代或再重来一次。尽管如此，对于关系的安全体验，却还可以有机会重新获得，需要我们首先把这些需要当成是重要的，耐心并充满觉察地陪伴自己，并有一段可以让自己感觉到安全的关系提供持续的陪伴。

这也是我的一些来访者选择中长程咨询的原因，通过咨询师细致的理解和抱持，让咨询关系在他们和现实关系之间搭起一座桥梁。他们便可以借由足够多的在咨询中获得的安全体验，更安全地进入现实的关系。

这对于一直在寻找足够好的关系的人，或者一直希望自己变得足够好的人，以及经常感到焦虑的人，都可以从这个入口去问自己：足够好，对我到底意味着什么呢？

去看到自己对于安全的需要，以及曾经经历的关系匮乏，可以更好地理解自己，并有意识地为自己创造成长的资源，让自己再重新生长一次。

每个人内心对于关系的渴望是极其美好的，这些宝贵的内在光亮需要被照见，就如《道德经》中所说“用其光，复归其明，无遗身殃，是为袭常”，运用其本身的光芒，返照内在的明亮，这就是最好的成长之道。

生而为人，我们需要别人的照亮来看见自己内在的光芒，这是自我成长将一直重复的历程，也是我觉得作为一名心理工作者最恰当的位置所在。

三、寻找被注视的感觉：自恋是一种被忽视的成长需要

借由科胡特的自体理念，我们有了对自恋更多的理解。他把自恋“从一种幼稚的形式”重新概念化为“活力、意义和创造力的源泉”，自恋并不是需要被超越和清除的部分，而是至关重要的个体成长资源，有待滋养以确保它的成熟。

科胡特（2014）在《精神分析治愈之道》中写道：“是自体的缺陷导致患者产生并保持自恋式的自体客体移情，这通过治疗中的转变内化作用，即一种患者童年期受阻的健康的心理活动——可以发生改变，从而建构了能填补自体缺陷的结构。事实上，我把这个过程的出现，尤其是它的持续看作一个证据，来证明治疗情境重新激活了缺陷自体的发展潜力。”（P2）

这些伟大理论在今天还深刻地影响着我们对一个人心理的深度理解。我对自恋问题的理解，是作为一个特定成长阶段的需要，只是因为过往的成长资源的匮乏，本该继续向前推进的历程被长期卡在了这里。

自恋的需要在情绪层是极其常见，又是极其重要的。就像一颗种子刚刚发芽，在黑暗的泥土里渴望光亮，是需要借助光亮来看见自己是怎样的。自恋表现就是一直渴望这个聚光灯的出现，并希望在关系里所有的聚光灯都指向自己。

在这样的需要里，个体一方面内在想要被确认自己是很好的，另一方面又有很多的不确定，所以注意力大多仅限于对自

己的关注。即便身处关系里，大量的内心冲突仍然会指向自己好不好、对不对、应不应该，对他人或关系里发生的事大多视而不见。

相应的这些冲突，会表现为可能既自负又自卑，既渴望被看见又害怕被看见，对浓烈情感关系的极度渴求，也有的女性会一直沉溺于通过不断买衣服、买包来装扮自己。

当一个人有自恋需要的时候，内在的冲突便开始变得强烈，相比前一个融合需要的位置，更多有了自己想要被作为主体存在的需要。

自恋的需要开始要凸显自己，有了一种想要呈现更好的自己的欲望，而非以更安全的关系为目标。

这时的需要意味着，我们在感觉里无时无刻不在想要如何展示自己，比如我要见谁，我要穿什么衣服，我说了什么话对方会怎么看我，以及会一直反刍经历的一些关系场景。

从对成长的贡献来看，这些自恋感觉的激活，都是在积蓄力量，为自己下一步的破土做准备。

我有一位来访者曾经一直回避关系，除了工作时间几乎都在刷手机，主要因为孩子的一些问题寻求咨询。

在我们交流一段时间后，她开始大量谈及在关系里的羞耻，当询问他人没有得到回应时，当一个人独自吃饭时，当被人指责时，当不知道自己穿着好不好看时，当感觉别人都在看着自己时，当不经意间在别人面前做出不得体的动作时……

她这样形容自己的体验："我感觉时刻都有一双眼睛在看着我，感觉自己很差劲，我会为此感到羞耻，但同时我又感觉有些兴奋。"

这就是自恋需要发展的过程，常常伴随着大量感觉羞耻的体验，这代表着一种强烈的内在希望的萌芽，她希望在关系里自己是足够好的，为下一阶段渴望被喜欢、被爱的发展奠定基础。

借由科胡特的自体理论，这些自恋的需要必须经由足够多的自体与客体经验来填满。当她一直存在的羞耻体验经由表达被释放和被接纳之后，她在关系里体验到的强烈的羞耻感变成了更轻度的不安，这让她对关系的回避程度减轻了，开始对关系生出了一些渴望。

几个月过后，她跟几位同事交上了朋友，即便她还是会在关系里屡屡碰壁，还是会因为没做好一些事而感到羞耻，却无法阻挡她开始想要在现实关系中去伸展自己的触角。

在这位来访者的真实例子中，她的潜意识一直在寻求被注视，渴望被看见，但又没有足够的安全关系体验支持她真正出现在他人的目光之中，所以她一边渴望一边回避。咨询帮助她进一步夯实自己，打破了这两者冲突的平衡，她便可以从感觉的世界走向现实的关系。

四、希望的灌注：在你的眼里，我见到自己最好的样子

对于缺乏足够安全体验的女性来说，爱是极好的东西，无论是父母之爱、朋友之爱，还是恋人之爱、孩子之爱等。

如果过去有很多体验让你感觉不到自己存在的分量，那么爱能重新让你点燃内心的希望。这意味着，在某一个时候，我们借由他人对自己的看见和喜爱，第一次把目光认真地转向自己。

我上小学六年级时，有一个50多岁的男老师，他是我的班主任，在一次语文课上，他当着全班同学说："我接下来要请一个将来会很有作为的同学来回答这个问题！"

接下来，他抽到了我。我那时刚从村小学转到乡里的小学，性格内向，成绩中等，我从来没有想过学习的意义，也从没有想过长大会有什么作为。

我回答完问题，心里惊呆了！我的内心像一个平静的湖泊被丢进了一个巨大的石块，一时间激起了千层浪。

我听过我的父母说"你要好好学习，你要争气"，但从来没有人告诉我"你将来会很有作为"，我第一次被当成一个特别的、独立的人，被寄予一个只属于我自己的宏大希望。

到现在20多年过去了，这句话早已经像锚一样在心里生了根，无数次想起，一次次泪流满面。我的老师现在已不在世了，而我还在借助他曾经给予我的力量前行。感谢我的老师！

他就像一个传递火种的人，我内心曾经被点亮的小火苗，

如今已燃成了一个明亮的火把，我想它会陪着我一辈子，去照亮更多需要被看见的人！

如果我们去读名人传记，会看到几乎在每一个优秀的人物背后，都有一个为他灌注过希望的人，这些希望也许一开始只是一个雏形，却可以深远地影响着他们的一生。

这可能是一句安慰的话，一个温暖的举动，却可以为人生带来新的希望。

我的一位来访者，我们曾无数次地谈起一个时刻，当她 20 多岁时刚成为妈妈，要独自照顾孩子，承担家务，没有人帮助，一天又一天，她每天只是在麻木地做许多事情，没有人关心她过得好不好，她也完全忽略了自己，生活里没有一点光。

直到有一天，已经是秋天了，她在为孩子准备早饭，1 岁多的孩子颤巍巍地走过来，把她卷起的裤腿放了下来，孩子的行为瞬间击中了她，她意识到"我不再是一个人，我有孩子了"！也正是从那一刻开始，她下定决心，无论多难，都要把孩子照顾好！

在我的咨询工作中，我经常被这些希望灌注的时刻所震撼，**一个人核心的生命力被激活，往往就在那一瞬间。**

特别是有许多女孩出生在重男轻女的家庭，父母从未想过对一个女孩的成长寄予希望。尽管很多女孩非常优秀，但是她们会被大人们望向她们的忽略的或无望的眼神淹没，她们将很难建立起一种独立的人格，如果没有成长意识，这种因为不被寄予期望而被去掉了骨架的感觉，几乎会伴随着女性的一生。

于是，这样被压抑的需要在成年之后，便转向了对亲密关系的需要，会特别期待有一个人来认可和肯定自己，当需要在关系里无法实现时，就会感觉很受伤，对自己存在的重要性深感怀疑。

从业这些年，我最深刻的体会就是，关系对于人的成长意义，就好比一片肥沃的土壤对种子的作用。充满希望的父母，会养育出自信的孩子；有信念的老师，会带出优秀的学生；有生命力的咨询师，会激活来访者生命力的源泉。

我们来到这个世界，当有人将希望的火种传递给你，你的生命之光就被点亮了！而如果他人的生命不曾被点亮过，那么他将没有什么可以传递给你，相反你将会面临更多的否定、指责和贬低。

所以，越是成长资源匮乏的人，越要刻意避开总是给予你糟糕评价的关系，去寻找可以照亮你的关系。没有一个人是糟糕的，只是取决于有没有人能看见你本性里的光芒，并为它们注入希望。

五、自我的壮大与分离：那道用爱筑起的长城

我们现在很多时候都在过度说爱，爱其实是一个很有内涵的字，但平时说出来的方式太表浅。比如，有的父母会对孩子说：

“我为你做了什么，付出了什么，我这么爱你，你要好好听话！”

爱不是控制，不是付出，不是指责，没有任何条件，这是一种源自内心深处的懂得和愿意。这样的爱常常是无声的，让我们接收起来没有任何自责和压力，以至于常常需要许多年才会明白。

我有许多的来访者在一开始咨询的时候，会说没有好好被爱过，后来才发现爱其实一直都在，只是等到我们真正学会去爱一个人时，才能体会到曾经如何被爱。

也唯有感觉到真正被爱过，才不再害怕分离。有一些进入成年期的女性，仍然会感受到强烈的分离焦虑，这说明分离个体化的过程受到了阻碍。

分离个体化的概念最早由匈牙利儿童分析师玛格丽特·马勒提出，她指出人类的心理诞生是婴儿借由和母亲的分离和个体化而成为一个个体的过程，这包含了 4 个阶段：自闭阶段（0 ~ 2 个月），共生阶段（2 ~ 6 个月），分离个体化阶段(6 ~ 24 个月)，建立客体恒常性阶段（24 ~ 36 个月）。

婴儿的分离个体化过程，就是通过跟妈妈形成共生的安全依恋，然后发展到可以向外去探索更大的世界，同时在这个过程中遇到挫折再回来寻求帮助，在离开和需要妈妈的过程中摆荡，通过妈妈持续稳定的位置，婴儿会内化出一个稳定的母亲形象，可以容受妈妈缺席时的焦虑。

这时的分离个体化相当于身体层面的分离，等到了青春期阶段会启动另一个心理层面的分离。彼得·布洛斯的研究显示，一方面青春期的孩子害怕失去与父母的连接，另一方面又希望不要受到父母更多的干预，在这样的心理矛盾当中自我意识的出现，进一步促进了分离个体化的完成。

朱瑟琳·乔塞尔森也把这个过程细致地划分为 4 个阶段：分化、实践、期待和解、情感客体的恒常。

分化是指开始有了自己不同的想法，实践是开始按照自己的主意去尝试处理问题，期待和解是遇到了一些问题时，既希望获得父母的帮助，又不希望被父母控制，最终就发展出一种有自主性的对父母的需要。

如果一个女性分离个体化过程，无论是婴儿期的身体分离还是青少年时期的心理分离未完成，或者分离过程遇到较大的创伤，她在人格上就还不是一个独立的人，她需要借助父母或者借助父母之外的类似于父母的角色来重新完成这个过程。

有的人的分化过程会比较晚，到成年期才开始有明显的分化，跟父母有了激烈的冲突，并出现关系的僵局再到和解，最终完成这个过程。也有的人父母已经去世，或者跟父母关系疏远到无法靠近，他们可能寻找其他人来补偿这样的需要。

比如，在女性发展中很常见的现象，一个女性可能会在亲密关系中找到一个“父亲”的角色，感受到关系的亲近与照顾，然而随之而来的是，她也感觉到有很多想法和观念是不被“父亲”理解的，她很可能会委屈、愤怒，还可能用主动切断关系来维护自己的主体需要。

一开始疏远关系可能会感到轻松，可慢慢又会发现仍然有一些对“父亲”的需要，这时候如何缓解僵局，走向和解，并最终仍然保持自我的独立性，就是非常重要的转折。

如果分离个体化的过程在这段关系里顺利完成，女性在以后的关系里既可以有独立的自我，也可以继续需要他人，就能以独立个体的身份建立关系。

否则，就会陷入关系和自我的二元对立之中，要么不能独立，要么不能需要关系，这是非常痛苦的共生与断裂的关系模式。

处于这种矛盾中的主要表现就是，总想要结束关系，又总是结束不了，不断复合又分开，循环往复。但要使一个成人迟滞的分离个体化过程能重新完成，需要这个具有容纳角色的人具有足够的安全感，安全到可以允许被抛弃和被需要，并能在和解之后继续提供支持和理解。

经常有人问我，我如果不需要关系是否可以很好地自我成长？深入的心理成长，无论在哪个阶段，都离不开关系，特别是越早期的阶段就越需要关系。而对于情绪层的需要来说，压抑和冲突的自我发展，都需要一段足够能容纳和理解你的关系。

当每一个内心长不大的成人，被当成孩子一样允许任性一次，且不被苛责，他的内在的孩子就会长大一点。这不是因为你做了什么，而是因为有人看见了你，并愿意照顾你内在的孩子，我们便有了一个自我接纳的堡垒，不再苛责和否定自己，允许自己自由。

每一个内心充满了复杂感受却不敢去爱，不敢展现自己的勇气和力量的女性，都处于这个阶段。

她们需要恰当的关系资源作为外在的堡垒，经由被允许、被接纳、被照顾、被寄予希望，帮助她们更安全、更细致地去靠近自己内在的丰富体验，这就是成为人的过程。

这个为你提供自我探索并形成稳固自我的过程，可能是父母给的，也可能是其他人给的，比如年长的外公、外婆，还有可能是姐姐、老师、精神导师，或者心理咨询师等。

他们在你的身后，用爱为你筑起一道长城，帮你抵御住你稚嫩时候难以承受的冰霜，于是你便可以轻松地往前走，去活成你想要的模样。

无论如何，每个人都会经历这样的过程，有的人在无意识中很早就经历过了，有的人却需要带着意识去理解此刻不对劲的经历，才可以穿越这些内心冲突继续往前走。

无论早晚，最重要的是，我们要对自己保持觉知，知道自己正在经历什么，而非只是陷入对自己“更高”“更好”的盲目要求，在不被他人理解的时候，可以慢一点停下来看看自己，多一点相信自己是有道理的，这是我们能为自己提供的最好的支持。

第四部分

整合之旅：活出内在的柔软和力量

当女人的真实本性激发她生命最深处的活力时，我们就能开始以从未想过的方式发展。如果一种心理学不能解决女性心理学核心的这种与生俱来的精神存在，那么他们的女儿及其女儿的女儿将无法进入所有未来的母系。

——克拉利萨·品卡罗·埃斯蒂斯《与狼共奔的女人》

第八章 成为女孩：活出女性的细腻与美好，渴望、羞涩、勇气和热情

他的爱像一道伤口，他感到伤口的存在不该只能在心中溃烂，它应该风化、发光。他的心仍在抗拒命运，他的苦难仍未绽放喜悦和胜利的光华，可他却感受到希望。

——赫尔曼·黑塞《悉达多》

有一些女性，生活非常痛苦和压抑，不像个活人；也有的女性，性格别扭，总有一些冲突拧巴着；有一些女性，渴望做一辈子的女孩被爱、被宠；有一些女性，像极了男人，拥有无限的战斗力；还有一些女性至柔至刚，变幻无穷。

读完了这一章，你便可以了解这些不同类型的女性的伤与痛，知道她们走到了哪里，以及她们的发展遇到了怎样的阻碍。

上一章谈完了情绪层的扎根，我们再来谈关系层的生长，**这是让一个女性真正开始从心理意义上拥有女性身份的过程，并在指向对异性的渴望和冲突中看到自己的勇气和力量。**

我们会在许多被限制的矛盾与冲突中，去探索边界，看见自己，放下执着，感受自己的勇气和拥抱自我的力量。

然而，这又恰恰是很多女性的心理发展遇到最大阻碍的地方，许多女性之所以会以情感问题为主诉求助，是因为很多女性是带着“成为人”或“成为女孩”的需要在寻找亲密关系，而非以一个准备成为女人的身份去建立关系。

这里面主要潜藏着两大类问题：一类是前一阶段情绪层的依恋问题，主要表现是极度渴望足够好的关系和害怕关系断裂，在这个阶段自我是全有或全无的，要么迎合关系，要么放弃关系，有很多的情绪压抑和自我冲突；另一类就是关系层的女性俄狄浦斯情结的发展问题，主要表现为对关系既需要又不满意，有很多的关系矛盾和冲突。

这两类问题的区别在于，情绪层在关系里没有独立的自我存在，以隐忍、委屈、生闷气为主，因为害怕关系断裂，会在关系里隐藏自我；而在关系层会越来越清楚地感觉到自我存在，坚持自己比维持表面和谐更重要。

情绪层的发展主要以经由足够恰当的情绪、情感回应去确认自我，感觉到最原始的存在安全；关系层的发展主要经过跟父母三角关系的互动，进一步夯实自我，发展出进入异性和同性关系的能力，并感觉到关系安全。

这一章我们要用到弗洛伊德的核心理论俄狄浦斯情结，女性和男性的俄狄浦斯情结发展是非常不同的。尽管很多学者对这一理论存在很大的争议，但对于女性的实际心理工作而言，如果不放在俄狄浦斯情结之下，几乎无法理解。

像罗伊·沙弗这样对驱力理论持批评态度的学者，也指出："对我们来说最适用、可信、全面、持久和有效的故事序列，是包含其所有复杂性和所有惊喜的俄狄浦斯情结。"（米切尔 & 布莱克，2017，P31）

精神分析学者杰伊·格林伯格认为:“在弗洛伊德看来,俄狄浦斯情结既是正常发展的关键实践,也是神经症的核心冲突;无论是心理健康还是心理病态中的精神力量的相互作用,都是在这一背景中获得理解。”(米切尔 & 布莱克,2007,P31)

我认同科胡特的理论“俄狄浦斯情结本来是一种人类种系延续的健康喜悦之情”,它在整个女性的心理发展中处于核心位置。

我在这里要讲的俄狄浦斯情结,更多指的是女性正常的俄狄浦斯期发展受阻后的固着需要,女性成长会重启这一发展过程。

在我们目前存在的养育环境中,很多女性的俄狄浦斯期的发展受到了严重的阻碍,成年后重启这一过程就成了成长的必经之路。

首先,女孩俄狄浦斯期要获得发展,意味着一个家庭至少要有女儿、父亲、母亲 3 个角色存在。然而,很多父亲要么缺位或过于疏远,要么父亲的形象塌掉了,显得过于懦弱、脆弱和不负责任,这样,在成长中缺乏了父亲形象的女性,对男性难以建立起积极的印象,跟男性距离非常疏远,或者可能一直会对男性有极端负面的看法,比如“没有一个男人是好的”。

其次,女性俄狄浦斯期发展会经历 3 个阶段:一是指向对母亲的认同,对父亲有了更多的兴趣;二是想独占父亲,并排斥母亲;三是接受三角关系存在,与母亲和解并认同。就指向对母亲的认同来说,我见过很多女性既无法指向对父亲的认同,同时也很难指向对母亲的认同，因为母亲天天骂父亲，父亲的形象被母亲毁掉了，同时母亲生活得很不幸福，这相当于一个女性追求两性关系幸福的渴望就被抑制了。

再次，也有一部分发展出对父亲认同的女孩，父亲要么太小心地后退，要么又脆弱到必须要拉拢女儿来对抗母亲，父亲后退的女儿会一直寻找“替代父亲”，而被父亲以拉拢而获得偏爱的女儿会很难发展出自我力量，这也会造成俄狄浦斯期发展的阻碍；

另外，还有一部分母亲的自我不够强大，跟孩子有同样的“女孩”需要，对于孩子与父亲之间的亲密非常愤怒，她们会把孩子对父亲的需要视为一种对自己需要的剥夺，当母亲的恨持续地转移到孩子身上，孩子和母亲也很难完成最后的和解。

所以，**要想养出一个确认自己女性身份的女孩，首先需要母亲活得不错，也需要父亲不能太脆弱；而要养出一个勇气和力量兼备的女孩，需要母亲和父亲都要有力量。**

我们看到目前社会的婚恋问题普遍越来越严重，目前的养育环境很多父亲缺席，母亲独自承担过重的家庭责任，要让女性俄狄浦斯期发展顺利，以一个有力量的女孩身份迈入两性关系的大门去成为一个女人，实在是太难了。

缺乏这个过程的女性，在进入了恋爱或者婚姻之后，曾经受阻的俄狄浦斯期发展的需要，就会成为俄狄浦斯情结，变身成婚恋问题凸显出来。

比如，当一个女性找到一个已婚男人时，这就等同于找到了一个爱自己的“父亲”和一个竞争的“母亲”，这是俄狄浦斯三角关系的重演；

又比如，一个女性在婚姻家庭中仅仅作为母亲角色存在时，不断压抑自己的需要和活力，她极有可能在婚姻之外遇到某一个在感觉里可以照顾自己的人，重新唤醒做女孩的渴望。

还有一些女性通过很多次的恋爱和结婚，只是想要寻找一个更纯粹地爱自己的人，这也是一种寻找父亲的需要。

也有一部分女性有很好的两性关系能力，却把太多的精力倾注于关系，难以发展出独立的自我价值，这是因为她需要寻找到不受诱惑的父亲来发展出自我力量。

无论如何，女性内在想要完整自己的动力会一直存在，并借助恰当的时机将生命向前推进，这无关道德评判，只是作为一个女性成长发展的基本需要。

作为俄狄浦斯情结发展重要阶段的关系层，会是女性一生中最难忘的风景所在，这个阶段的目标是为了自我转化，就像“炼金术”，在一些金属和化学元素的相互作用下，炼出真正的金子。这块金子就是成为真正的内在女性。

如果没有这个阶段的转化，女性将无法成为感觉细腻的女孩，更无法成为柔软与力量兼备的女人和母亲。而如果社会缺少了女孩、女人和母亲的角色，男性的世界也将一片荒芜。

一、茁壮生长：结实的树干——关系中的自洽

如果情绪层是作为关系的根存在，那关系层就是作为结实的树干存在，这是我们练习、学会如何在同性和异性关系里生存的阶段。

这个关系最初的训练场，是你在原生家庭里跟父母和兄弟姐妹的关系空间。如果家庭关系是极其僵化的，又或者是极度追求表面和谐的，缺乏灵活、张力或者共情的，那么孩子就无法从家庭里找到进入关系大门的钥匙。

要养出一个关系层的孩子，意味着父母至少要能承受关系层的冲突，否则孩子要么陷入自我压抑、抑郁的位置，要么要用极其激烈的叛逆才能冲破天花板。过往的模式多么僵化，要冲破僵化的力量就有多猛烈。

这也是我较少做孩子咨询的原因，当一个孩子真正开始成长时，往往意味着一个家庭会变得更加不和谐，很多父母并没有做好准备面对一个健康的孩子，这种挑战对家庭将变得难以承受。

同样，很多选择自我成长的女性，他们的伴侣其实一开始也是激烈反对的，因为以前隐藏在关系里的矛盾会被激活，会看到自己在关系里的能力已经捉襟见肘，对一个真正的女孩或女人感到难以招架。

当然，成长是会让人不适的，这些男性最终也会受益，他们也将因此变得更加完整，学会在关系里做一个更加真实而有

活力的男人。

在情绪层和关系层，都会有激烈的情绪表达，比较不同的地方在于，情绪层的情绪是小心的，是逼到极限的结果，往往也说不清自己的道理，说完之后常常很容易被反驳，所以无论说与不说都是心里堵得慌，并在情绪爆发之后会有更多自责，感觉自己没有做好。

而在关系层的情绪表达，较少自责，是有组织的，有逻辑的，有现实感知的，每一次的表达都可能让对方更加清楚地了解自己一点，并且表达完自己的感觉也会不错。

在关系层的前期主要是短暂的和谐加上激烈的关系冲突，不断地循环。这就像一座火山喷发的过程，内在蓄积的岩浆将不可阻挡地喷发，并且这是一座活火山，在经历短暂的平静之后，又会继续喷发。

在和谐与平静期获得力量，然后继续喷发想要被看见的需要，这作为一个动态关系里的连续谱存在。**任何想要终止关系层冲突和矛盾的干预都是徒劳。最重要的是看见和允许，让自己经由这个过程，一次次具备更多面对现实的勇气，一次次看见自己内在蓄积的力量。**

而在此之后，女性同时感觉到力量和无力的部分，会让女性开始选择将力量部分转向关系之外的地方，去发展自己的兴趣和能力，也更加清楚自己的需要，并可以很好地照顾自己。也恰恰是这样的空间出现，让女性在关系里可以进退自如。

本质上，当一个女孩可以放弃一部分被看见、被理解和被照顾的需要时，换成自我看见、理解和照顾时，她就不再只想在关系里前进，而是可以为了自己的需要而后退，女孩就变成了有力量、有智慧的女人。

女孩和女人的本质区别在于，在关系里能否舒服地后退，而不感到委屈和受伤。

女孩无法在关系里后退，她的爱浓烈地指望父亲，因为爱而感到羞涩，因为爱而嫉妒和竞争，这是主体爱被激活和自我力量启动的重要过程。

女人的后退是一种主动的意愿，她已经感觉到爱了，也看到了某种程度的失望，这时的后退就是一种选择。

成为女孩的阶段象征着笔直往上长的树干，也象征着一飞冲天的火箭，带着很多过去不曾有过的任性色彩，任何人想要抑制关系层发展，几乎是不可能的。任何压抑和打压，都会换来更猛烈的反击，而这就是向上生长的力量。

所以，你几乎不可能让一个女孩学会退让，退让只能是在她碰壁之后，并且感受到足够的关系安全之后，她会开始为现实需要妥协，自然就会退让。这样的妥协，是以更多的现实的需要作为交换的，当这种交换形成时，社会层的雏形便形成了，就意味着关系层的发展走到了瓜熟蒂落的时刻。

接下来，我们再来谈谈与女性俄狄浦斯情结发展相关的4个阶段：初始阶段、孤独阶段、性欲化阶段和去性化阶段。

我们在这里也用 4 个阶段作为标记穿越俄狄浦斯三角结构这条路上的标记点。

初始阶段更多属于倒挂层的位置，这个位置的女性会为自己的妈妈打抱不平，女性的身份还未开始分化，这里就不作为女孩的发展过程来细讲了。

这里我们主要标记后面的 3 个阶段，其中性欲化阶段又分成了前期和中后期两个阶段，总共还是 4 个阶段。

第一个阶段，主体爱的启动，细腻感受的萌芽。这时期女孩有了一种模糊的渴望，有很多感觉是压抑的，感觉到缺失和自卑，所对应的是俄狄浦斯情结发展的孤独阶段。

第二个阶段，主体爱的激活，凸显女孩特质的过程。这是女性刚刚感觉到自己的注意力被一个异性（父亲）吸引，当在心里确认自己的渴望时，这时候的爱就会带来害羞，女性的特征一下被凸显出来了，经历过这个过程的女性就会有柔和的位置，较少会显得大大咧咧的，这对应的俄狄浦斯情结发展阶段是性欲化的早期阶段。

第三个阶段，自我力量的启动，是发展勇气和自尊的过程。如果女孩经由异性恰当的回应，指向了对异性的认同，就会发展出一些男性化的气概，会有一些刚烈的味道出来，这时候女性很容易嫉妒和竞争，并因此获得更多的勇气，更想要表达自己的需要，很多成年女性在重新经由这个阶段发展时会第一次开始感觉到性满足，女性的特征变得更加外显，这是性欲化阶段中后期。

第四个阶段，自我力量的发展，迸发热情和力量，跟爱与禁忌有关，伴随着对关系的失望，女孩指向异性的渴望开始回撤，同时这种爱也会通过一些其他更柔和的、深情的方式保存下来，女性会在这个过程中获得一种自我整合的完整，所对应的就是去性化阶段。

我们再来看看这 4 个阶段所对应的自我成长的阶段：关系层正处于自我力量的启动和自我力量的发展这两个重要位置。另外前面两个主体爱的萌芽和激活阶段分别在情绪层前期和后期。

主体爱启动在情绪层的前期就开始，开始有复杂的情绪冲突，有了一种不太清晰的渴望，这时候的情绪和情感并未分化，是作为一团模糊的感觉在那里，对应的自我成长阶段是情绪层前期的自我压抑位置。

主体爱激活的阶段在情绪层的后期，到了自我冲突的阶段。这时候情绪和情感变得更加清晰起来，需要和渴望也变得更加明显，有的女性会在关系里有了更多的抱怨和不满，自我冲突也很明显，但因为有了一层羞涩的阻挡，在关系里往往是顾左右而言他，还不能把自己的需要放置在关系之中。

接下来是自我力量的启动，女性感到了嫉妒和竞争，到了关系层前期，是关系冲突的阶段。这时候，女性开始具备更多内在的勇气，也是自尊和羞耻感形成的重要位置，这时候关系的冲突会加剧，很多女性会试图通过改变关系来消除自己体会到的伤害和羞耻感。但这些感觉其实是无法消除的，这时女性的力量刚刚萌芽，也非常薄弱，而欲望却十分明显，可能会在冲突中一次次失望，并加深自我羞耻感。

最后是自我力量的发展，属于关系层的后期，是自我实现的阶段。不断的失望让女性指向关系的力量开始后撤，这时候女性才得以看清一些禁忌和阻碍。**当女性开始从内心里接受自己跟一段关系有着某种不可逾越的距离，并不因此而完全否定这段关系时，她便有了一种辨别能力，看到关系于自己而言有限的意义，关系的重要性被缩小了，于是便有了更大的选择空间，自我力量将在现实中进一步发展和放大。**

表 8–1　女性俄狄浦斯情结发展与自我成长阶段的对应

自我成长阶段	俄狄浦斯情结的发展	女性结构的发展
情绪层前期 A_1（自我压抑）	开始被异性（父亲）吸引，模糊渴望	主体爱的启动
情绪层后期 A_2（自我冲突）	凸显女性特质的过程，爱与害羞	主体爱的激活
关系层前期 B_1（关系冲突）	发展勇气与自尊，嫉妒与竞争	自我力量的启动
关系层后期 B_2（自我实现）	迸发力量和热情，爱与禁忌	自我力量的发展

二、主体爱的启动：细腻的萌芽，一种模糊的对异性的渴望

我遇到很多女性来访者在谈论爱时，更多谈的是一种被爱的渴望，而主体爱的发展一直处于空白的阶段。

被爱和主体爱的区别在于，前者是因为你爱我，所以我爱你；后者是不论你是否爱我，我都知道我就是爱你。

这二者的关系在于，如果没有过去依恋安全的体验，那主体爱将无从实现，没有体验主体爱的过程，被爱的体验也就不会丰盈。

主体爱的发生，是一种经由依恋的安全体验而发展出来的情感体验，如果这个过程发展顺利，女性就会开始有一些细腻的女性特质；如果发展受限，就会陷入压抑和自我冲突之中，无法把自己的渴望和需要投向一位具体的异性。

对于女性来说，在建立与母亲的安全依恋的基础之后，最重要的就是父爱。一个有情感的、有力量的父亲存在，是女性拥有安全的两性关系的基础。

这里要澄清的一点是“存在”：对于女孩来说，父亲是一个永远也得不到的存在。但一个可以亲近的父亲，会让女儿在两性关系里更加自在，即便是只是有但无法亲近的父亲，也可以让女性发展出一些女孩的特质。

这里我们用一些现象来更细致地辨识。

如果一个女孩的成长经历中父亲因为早逝或者离婚而缺席，并且没有这样的替代角色出现，那么这个女孩长大进入亲密关系时，也会一直寻找理想化父亲。

如果父亲不是缺席，而是特别软弱或者特别不负责任，那女孩一开始找到的丈夫大多就是这样；如果父亲是一个权威的、苛责的、无法亲近的形象，那女孩也会找到这样的伴侣，这是两性关系的初始模板。

也有一些对父亲印象感觉极其恶劣的女孩，会把同性作为爱的对象，完全不对异性抱有情感期待。

可以这么说，**由一个具备父亲功能的异性所激活的良好的父爱体验，是女性确定自己的性别角色、异性恋取向以及获得良好的两性关系体验的前提。**

当这样的体验还未形成时，女性就需要重新寻找一个“精神意义上的父亲”，来把自己“变成”女孩，并对两性关系抱有更多的信心。

对父亲的渴望，以及由此激荡起的一些细腻的情感，是女性发展出主体爱的前奏。

我的一位成人来访者描述她曾经经历的这个过程：

“我已经睡下了，但我知道父亲要回来了。我静静地听着，等待着他沉重的脚步声，由远及近，心里有一些欣喜，再接着听到在一阵忙碌的声响之后，他好像睡了。夜晚变得特别安静，没有任何声响，我却睡不着……”

说完，她的眼泪流了下来。

她非常清晰地描述了她是如何渴望父亲，如何因听到父亲的脚步声靠近而欣喜，渴望又是如何落空的。这些情感再体验的过程，推动她作为女性细腻的心理感受发展。

而在重新谈及这些久远的体验之后，她的女性特质变得明显，她谈到聚会时穿上的连衣裙和细高跟鞋，同时对于发展新的亲密关系也从自然地排斥到有了些许渴望。

这种主体爱的渴望，经由重新还原，得到了进一步发展，一直阻碍她的“只能等待被爱”的限制消失了，取而代之的是，她可以看见和拥抱自己的渴望，从自己的渴望里重新体验爱。

女孩的渴望更多的在感觉里，一般很少落实到现实行动之中，比如女孩渴望父亲回来，但不会去跟父亲打个招呼或者要拥抱，渴望一个喜欢的人也不会去打个电话或者去见面，等等，那么她们在亲密关系里对恋人的需要也很难说出口。

这在现实的亲密关系中很常见，当一个女性渴望一个遥不可及的“父亲”时，这个出现的替代“父亲”的身份可能是恋人、情人、丈夫、老师或者朋友，这些细腻的、压抑的、远远观望的情感，可能会持续许多年，一直占据着女性的内心世界，一般很难发展出更现实的关系，但对于女性的发展却十分重要。

但我们要看见的是，在这些被困住的关系里，潜藏着被忽视的成长需求，是一个女性对于想要长成女孩的最宝贵的渴望。

在这些遥不可及的渴望里，作为女性主体爱的体验就会被启动，要知道，可以渴望爱是一件多么美好的事情。

你可以只为见到一个人而开心，你可以想念一个人，可以回忆跟他人在一起的美好，你所看到的世界将如彩虹一般绚烂，这跟现实无关，只是因为有一个人的存在，让你感受到了自己的爱，以及由爱而产生的细腻的美好。

三、主体爱的激活：凸显女孩特质的过程，爱与害羞

女性唯有在异性面前害羞时，才能深刻体会到内心荡漾的爱，以及想要被爱的渴望。

女性在没有感受到主体爱之前，是自卑的、孤独的、木讷的、纠缠的、疯狂的、豪爽的、粗犷的，而感受到主体爱之后，随之而来的感觉就是害羞，就好像在说“当我感觉到我爱你，我就会忐忑不安地想知道你是否也同样爱我”。

害羞，是面对异性独有的体验，特别是你最在意的那个人，是忐忑不安，是渴望又害怕，是感觉心怦怦直跳，又或者是脸颊升起的一片红霞。在这样的关系里表现出来的是，渴望被关注，又害怕被关注，可能回避，也可能迎合，开始注重打扮自己，或者想要发展一些能力，希望好的地方被自己所爱之人看见。

感觉到主体爱之前，是无法体会到这些细腻的感觉的；在

感觉主体爱之后，反而会因为自己的这些细腻的感觉而忐忑不安，当这样的爱落空，或因为对方缺乏回应或是不够爱时，就会进一步感到羞耻。

相信很多女性都有过类似的感觉：

明明很喜欢一个人，却总是想要避开；想要更好打扮自己，却总是不满意自己的衣服和装扮；想要让更多人看到自己的能力，又常常因现实受挫而自责；想要展现自己的才能，又担心自己会做不好。

这里的自我展现的需要，希望被确认自己足够好的需要，已经跟想要所有人认可的自恋需要不同，因为想要被看见的对象开始聚焦，特别指向那个所爱之人。

当一个女性的目光从广泛的渴望被关注，浓缩到某一个异性身上时，这是女性“从人到女孩”的成长进化，经历过女孩才能成为女人，成为女人之后才能超越性别角色。

渴望靠近父亲，渴望父亲的眼光关注，这是一个女性发展内在细腻的爱的过程，并在这种不确定中获得体验的加深和激活，同时也让女性萌生出展现更好的自己的需要。

有一句话叫“女为悦己者容”，表达的就是类似的意思，“悦己者”是指喜欢自己的对象，而“容”也不只是外貌上装扮自己，而是希望自己所有地方都更好。

所以，**女性的心理发展，需要爱的体验做推进器**，这是激活女性潜能的过程，想做更好的自己，也因为不够好而羞耻，因担心不够好而不安。**爱的体验在进入真正的亲密关系之前，就已经被激活了，这只是女性的一种主体感受，跟一个人是否爱你无关。**

在我的一部分女性来访者中，她们可能会留恋一些遥不可及的人，是因为即便这些人与自己关系并不亲近，但是在感觉里这些人的存在启动了自己主体爱的体验。这样的关系在现实里是有遥远的距离的，但在感觉里却无比亲近。

也有一些人会陷入一些糟糕的亲密关系里，可能从现实来看应该结束了，有很多理智的声音告诉她们要抽离情感，但感觉里却又离不开，经常既渴望又感觉羞耻，恰恰是因她们感觉里需要这个过程。

在感觉到羞耻的位置，女性会因为自己被需要而感觉变好。比如，当一个分手的情侣再回头表达亲密的身体需要，一个离婚的丈夫想要前妻给予经济上的帮助，除了现实需要，他们并没有任何对关系的慎重思考。这会让这部分女性，一方面因为被需要而感觉自己很好，另一方面又因需要之后的不被重视而感觉羞耻。

这还原到最初的女孩与父亲的关系里，往往有一种不被爱的体验。当女儿喜欢父亲，希望父亲觉得自己好，但父亲更偏爱其他孩子，或者父亲并不觉得女儿好，甚至对女儿有很多的否定和不认可，或者有的父亲会认为女孩生来就是为了照顾其他男性的。这样，女孩的主体爱的需要就一直被限制在羞耻的位置，无法再往前发展。

这样的女性进入亲密关系之后，会很容易以照顾或迎合的角色出现，要小心谨慎地满足另一半的需要，忽视自己在关系里的需要。即便有时候可以提出自己的需要，一旦不被满足，就会被巨大的羞耻感淹没，无法再坚持自己，甚至退回到前一阶段只是暗暗渴望的位置。

但在渴望和羞耻的女孩位置，当女孩指向爱的对象的羞涩需要，同时也获得了爱的对象的安全回应，女孩的害羞和羞耻感就会减退，更敢于正视和表达自己的需要，并为下一段发展勇气和力量做准备。

四、自我力量的开启：发展勇气和自尊，嫉妒与竞争

一个女孩发展出勇气和自尊，离不开竞争的过程。一个从未得到过父爱的女孩，是没有勇气的；而一个被偏爱的女孩，没有体会过嫉妒，没有经历过竞争，是脆弱的，缺乏自尊的。

这意味着父亲注定是一个要爱却又不可及的存在，女孩的成长才不会轻易碰到天花板，才不会一直困在爱中而不得，或者仅仅沉溺于偏爱当中，而是可以用自己的女性角色去展现自我力量。

有一位女性说："我喜欢单位的一位男领导，但我并不想跟他有什么。过去他很照顾我，有一天我看到他跟另一个女性领

导有说有笑地走出电梯时，我的心里很不是滋味。我想有一天，我也要变得很厉害，跟他平起平坐。”

这位女性平时跟这个男领导关系并不近，但她会格外感觉到这个领导的关注，也想要在衣着和工作能力上展现出一个独特的自己。

她一方面嫉妒女领导跟男领导平等的关系，另一方面也在男领导面前有些任性，像见面不打招呼，等等，这就是主体爱的体验被激活之后，同时也因为被照顾和关注，得到了一些安全的体验。渴望却无法靠近，同时又看到别人靠近，这会激活女性内心的嫉妒，便进入一种潜在竞争的三角关系。

这种竞争所带来的动力，就是促使女性想要变得更好，这是一种积极的动力。我们在现实的关系中，看到很多女性因为爱想要自己变得更好，许多时候并非是因为感觉自己不值得，而是因此激活了一种想要呈现出更好的自己的主体需要。这种动力，可以激活内在的成长需要，树立更远大的目标。

当然，有的人可能会质疑说，女性一定要为了爱去自我实现吗？是否能不为了爱去发展自己的目标呢？这不是一个选择的问题，而是发展的需要，因为爱而更加感觉到自己的存在，因为爱而聚焦女性的能量，这种爱其实赋予了女性一个自我转化的过程。

嫉妒本身带着的特色，就是还不能在现有的位置跟别人竞争，你只能蓄积自己的能量，希望有一天可以和别人一较高低。

当在这样绕开了一个绝对弱势的位置，并且内心仍然有渴望的时候，内在就有了一种类似于底气的勇气，虽然觉得自己现在不够好，但相信自己一定会更好。

所以，在这个关系的竞争位置，可能会因为嫉妒而退缩，也可能因为嫉妒而与人发生冲突。选择前者说明女性感觉到自己还需要蓄积更多的力量，便会用退缩来保护自己；选择后者说明女性的自我评价变得更高，有了足够的自信。

当冲突越来越激烈时，也说明女性的自我越来越强大，这便进入了关系层的关系冲突位置，一个初具力量和勇气的女孩的形象开始呈现。

当然，这里面也还有很多的内在冲突，一方面是渴望爱的，另一方面力量和勇气的出现也会阻挡女性柔软地去爱。这是阳性和阴性力量开始相遇，有种暂时无法调解的冲突。

我的一位来访者说："我知道我不该这么直接表达自己，我其实可以有其他更好的方式，但是我就是忍不住、看不惯，有一种按捺不住的冲动，带着我往外冲。说完之后，我还是很愤怒，我堵着一肚子的气……"

在嫉妒和竞争的位置，即便女孩已经蓄积了很多的自我力量，但是女孩和"父亲"仍然是不平等的，也就是女孩仍然想要通过"父亲"足够的爱来确认自己是足够好的，这种动力一直没有得到平息。

只要"父亲"不给予女孩全部的爱，女孩就得不到满足，并在这样旷日持久的动力中东冲西撞，索要自己感觉里应得的认可，这就是走到了俄狄浦斯情结发展的最后位置。

五、自我力量的发展：迸发力量和热情，爱与禁忌

“父亲”帮助女孩走向现实的最后的助力是禁忌。当一个女孩经历过与父亲之间亲近却又不越界的关系之后，才真正变得跟男性平等，开始褪掉女性本来的那层高冷、害羞或对理想父亲的寻找。

这对于强大的父亲来说，更需要的是节制和推开女孩的力量；而对于一个脆弱的父亲来说，就需要女孩可以强大到有力量推开父亲越界的爱。

在一部电视剧《我的前半生》中，贺涵对唐晶的爱，就是父亲对女儿的爱。

唐晶在分开时说：“这 10 年，我一直学着怎么离开你，希望从此以后，算是学会了！”

唐晶是贺涵一手培养出来的骄傲女孩，虽然他们擦出了爱情的火花，但贺涵的拒绝，才是唐晶最高级的成人礼。但关系的最后，贺涵即便面对声誉的损失也要帮助唐晶时，他用后退的爱成全了唐晶。

当女孩接收到“父亲不带占有欲望”的偏爱，超越了男女之间的情爱，这时爱就具有强大的牵引力量，让女孩展现自我

的欲望变得更强。

虽然女孩的爱没有得到最终的满足，却可以在心里永远拥有一份纯粹的父爱，并把这份爱作为内心的燃料，源源不断地为自己提供养分。

最强大的力量来自禁忌，来自一种对边界的敬畏。**当父亲向女孩关上一扇男性的欲望之门时，女孩便同时打开了一扇走进男女关系平等的大门。**

女孩再也不需要取悦任何一个男性，她得到了父亲的爱，她在男性面前就是极好的，再也不需要去奢望和取悦爱，她会在爱的面前觉得“我值得”。

当爱因为禁忌而受阻，限制也给了爱一条新的生路，力量被保存下来，女性便可以在确认爱之后向现实需要妥协，将欲望转向更大的现实世界，让女性作为独立主体的需要继续向上生长。

如果我们继续用树来比喻女性成长的话，树干长到这里就足够结实了，是时候开枝散叶绽放自我光彩了。

弗洛伊德的一个女病人叫杜利特尔，她是一个女诗人，因为写作瓶颈寻求弗洛伊德的帮助。弗洛伊德帮助她诠释了她的双性恋取向，杜利特尔在接下来的 27 年里保持了特别高涨的创作热情，并成为第一位接受美国艺术和科学学院奖章的女性。

女性精神分析师阿琳·克莱默·理查兹的解释是：她找到

的解决的方法是，容忍自己作为双性的交替性的观点，在工作中视自己为男性化的，在生活其他方面，尤其是爱情生活和社交关系中视自己为女性化的。（理查兹，2022，P139）

杜利特尔的创作瓶颈被突破，这是分析成功的标志，她在结束分析的通信中称弗洛伊德为“爸爸”，意味着弗洛伊德作为她精神上的父亲存在，给了她某种偏爱，让她有了现实中的女性化角色以及工作上的力量展现。

然后，她的女性化和男性化部分依然缺乏整合，因为弗洛伊德的“父爱”看似一直存在，却缺乏持续的动力和张力继续发展，而她无法获得满足的对父亲的渴望，唯有转化成一种新的力量流入她的创作领域。

如果一个男人爱上了一个女孩，那么这个作为“父亲”存在的男人，将注定是一个需要投入爱，却又是被“阉割”的男人。唯有这种“阉割”带给女孩的安全和纯粹，才能让女孩对父亲充满渴望却又无法从父亲那里获得满足，让女孩具备真正的力量。

当女孩感觉到“父亲”的爱，且不会被当成男女之爱的对象，她便可以对男性及女性展现更多热情，不再担心会把任何男性引向男女关系之间，也不再受限于女性因爱而生的嫉妒。

这也是为什么一些女性会找已婚、年长的男性，因为她们需要一种禁忌（无法实现）的爱，来重新修通过去没有机会走通的路。她们在这些关系里常常会有两种需要：**寻找偏爱和寻**

找禁忌。

带着寻找被偏爱的女性，往往缺乏自信，大多社会适应功能较差，在过去的成长经历中缺乏父爱，在两性关系里表达需要会感到羞耻。当被偏爱的需求满足之后，就会转向寻找禁忌。

寻找禁忌的女孩是有被偏爱的体验的，在两性关系里更大胆直接，但面对外面的世界仍然会感到力量缺乏。如果她再一次被偏爱，说明她找到的“父亲”仍然缺乏力量，她会重新寻找一个有力量并且可以拒绝她的男性，通过重新感受内心的爱和不满足，来激活自己真正的力量。

这两种需要所发展出来的就是女性的两性化，偏爱使女性变成细腻的女孩，而禁忌让女孩放松而灵活，这两种需要所发展出来的就是女性的两性化，这意味着作为女性和男性两种特质开始整合，准备迎接女人身份的出现。

第九章

成为女人：柔软与力量并存，与自我和男性力量的汇合

在我们之中，每个人都有两种力量支配一切，一种男性的力量，一种女性的力量……最正常、最适宜的境况就是这两种力量一起和谐地生活、精诚合作的时候。

——维吉尼亚·伍尔夫《一间自己的房间》

当一个女孩开始有了力量和勇气，她便具备了爱和选择的能力，勇气让她去爱，而力量让她可以自由地选择进退。

这大概就是《一间自己的房间》伍尔夫（2019）笔下的“雌雄同体”了，而她所指的“雌雄同体”其实是不设性别的，也就是男人和女人都一样。她说道：“纯粹只做男人或女人，是毁灭性的错误。必须做男性化的女人和女性化的男人。”（P30）

我觉得“雌雄同体”的意义，应该比这两个位置更宽泛、更完整，不是必须，而是可以自由选择。

当一个女性成为女人，她既可以做一个女性化（情感）的女人，也可以做一个男性化（理智）的女人；当一个男性成为男人，他既可以做一个男性化（理智）的男人，也可以做一个女性化（情感）的男人。两性都需要同时具备在不同空间切换的能力。

决定一个人可以选择不同位置的，不是理智，也不是能力的高低，而是成长资源的成全。

如果女性在有一个稳定抱持的母亲（同性养育者）的基础上，还有一个成熟的、有力量的父亲（异性养育者），那么她将成为一个有勇气、有力量的女孩。

当这样一个女孩进入亲密关系，无论面对的男孩是以理智或是情感为优势，女孩都有足够的机会让男孩发展自己的另一部分，成为一个真正的男人，而女孩也会借由这个过程整合自己矛盾的两面，变成真正的女人。

双性同体意味着，既可以用自己的阳性力量去承接对方的柔软和脆弱，也可以用自己的阴性力量去依赖和呼唤对方更多的勇敢和无畏。这样的女性，既可以展现自己的独立，也可以安全地依赖他人；既可以用柔和的方式去爱和连接，也可以用强硬的方式拒绝和设置边界。

女性既可以照顾自己，也可以照顾他人，还可以被他人照顾。这就是作为女人应该具备的 3 种功能：**自爱、爱人与被爱。**

它们就像 3 个交织的圆环，相互支撑，获得源源不断的能量滋养，向外折射出舒适柔和的光芒，你需要展现哪个部分，取决于你的意愿和选择，而非必须。

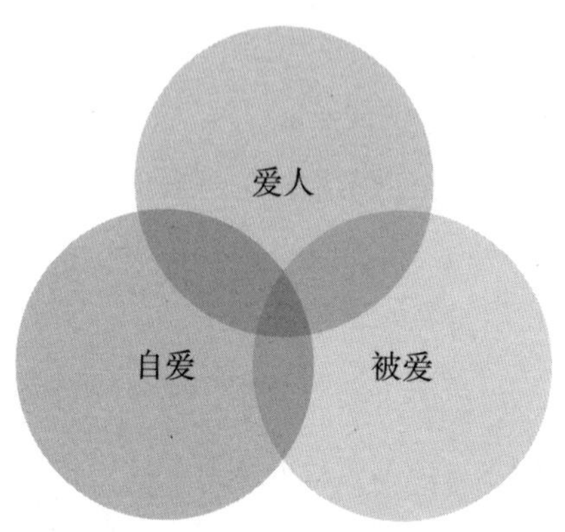

图 9–1　女人应具备的 3 种功能

表 9–1　女性的发展阶段与拥有的心理能力

女性的发展阶段	拥有的心理能力
无环的“隐形人”	无
一环的“无性别”的人	自爱
二环的女孩	自爱和被爱
三环的女人	自爱、被爱和爱人

我们从上表来看，可以回溯整个女性发展的过程，无环的“隐形人”是活得最压抑、最痛苦的，很难找到生活的乐趣和意义。

一环的自爱，这是一个人安全感形成的基础，开始有了安全基地来自我接纳，但仍然是脆弱的，到关系里会有很多的小心和无力，这时的“无性别”指的是女性角色还没有凸显出来。

二环的女孩位置里，是自爱和被爱的相互夯实，开始有了明确的爱的指向，也允许他人来爱自己，女性的角色也更明显，在关系里有了一些舒适的空间。

三环的女人，可以向他人散发出爱的能量，可以在关系里自爱、爱人和被爱，这就是一个稳定的三角结构，可以提供给自己和关系源源不断的滋养。

从“无环”到“三环”，每走一步，都是跨越；每走一步，都意味着主动更多、选择更多。

三环女人是最自由的，对她们来说，没有什么是绝对正确的，没有什么是必须的。一切只存在于她们想在哪里，她们想选择什么，以及她们愿意承担什么。

在走向三环的过程中，并非就没有冲突了，冲突反而会加剧，因为阻碍也极其顽固。**因为心理意义上的女人极其宝贵，同样，心理意义上的男人也极其缺乏。**

在一个女孩变成女人的过程中，意味着会有一个男孩也会同步变成男人，在女性柔软和力量整合的位置，也需要一个有潜力同时开辟出这两个位置的男性来承接。

那你准备好了吗？或者，你的另一半也准备好了吗？

没有准备好也没关系，没有一个人是准备好了才上路的，但很多人其实已经走在这条路上，却不知道自己为什么这么做。

女性这个阶段的挑战是，于你而言两条路都可以走的话，那在当下要选择哪条路呢？是更多地开拓新模式，还是更多地回归旧模式？是面向柔软，还是拥抱力量？

很多人会在这样的模式里反复摆荡、纠结，这些冲突会交替出现，让人头痛不已。

如果不出乎意料，最终**会有一条你最不情愿的、最想回避的，也是对方最不想要你走的路，延伸到你的脚下。**

你需要用上的恰恰是你刚长出的稚嫩的腿，配上有点蹩脚的步子，走完关系的最后征程：**用你自己最弱的地方，去转化对方看似最强的地方。**

比如，如果对方很有力量，却不够柔软，你恰恰需要更多地使用自己的力量，让对方可以放下自己的力量，去拓展自己柔软的情感部分。

又比如，对方很柔软，但缺乏足够的力量，你恰恰需要更多地使用柔软的情感，让对方有空间发展他的力量。

当你在使用你较弱的能力时，你就是在不断发展和夯实自己过去缺乏的功能。同时，这意味着关系里的另一个人也在被迫突破他弱的那部分功能。

我有过 3 年的家庭治疗的受训背景，有专业上的朋友问我为什么不选择做家庭治疗，我说：“其实都一样啊，只是工作对象不同而已！”当我在为一位女性做心理咨询，这也会形成对旧有家庭秩序的扰动，实际上有异曲同工之效。

当这位女性作为孩子的母亲时，母亲的变化会影响到孩子；当这位女性作为妻子时，妻子的变化会影响到丈夫；当这位女性作为女儿时，女儿的变化会影响到她的父母。

一位女性的变化，至少可以影响三代人。当关系里的一个人发生了深度的改变，那么关系里的对方也会随之发生改变，这将是一种积极的、有着深远意义的改变。

我做深度的女性关系咨询最有意思的地方是，每当在她们发展的关键时候，她们的伴侣就会强烈反对咨询，因为关系的任督二脉即将打通，这个位置真是太痛了。

而他们彼此常常正是在这个位置被堵住许多年，也一直带着“鞋子里那颗硌脚的石子”在走路。

然而这也是最充满希望的地方，**作为一个人核心的成长，很大程度上都是关系的助力，特别是那些艰难的碰撞和考验。当关系里的两个人都碰到自己难以突破的边界，往往需要对方的助力才能突破自我设限，重获心灵的自由。**

当两个人都可以在关系里变得更加完整时，你和对方便可以跳自由切换的关系舞步了。

一、活出自我：繁茂的枝叶——价值创造

一棵树生根的过程是无声无息的，长枝干的过程是无法后退的，而长枝叶的过程就是**一种取决于自我意愿的选择。**

当一棵树有了结实的根和树干，就已经达到了自我结构上的完整，获得了很大程度的自由，想要长出多少枝叶，要发新芽还是脱掉旧装，都由自己。

女性的觉醒到这里开始有更清晰的呈现，不仅是头脑中的，而是感觉和现实同步的清晰。就好像飞机起飞后，在爬升的过程中是缓慢的、颠簸的，一旦冲破云层，混沌和冲突感突然就消失了，上面是纯净的晴空万里。

我时常为女性的成长惊叹，**通过持续的看见、理解、诠释和支持，促成女性主体意识的觉醒，充分尊重女性的主体选择，让她们可以用自己的方式去改写人生。**

成为女孩，女性更多活在感觉里，而成为女人，意味着很多想法、需要和渴望会在现实中落地，你对于自己的了解已经越来越清晰，你知道永远有自己选择的权利，也深知自己具备承担一切结果的勇气。

成为女人的过程所对应的成长阶段是社会层的绽放，关于女性如何活出自我，去创造自我价值。

活出自我是一种选择，是可以而非必须的，是灵活的而非僵化的，你可以活出自我价值，也可以多为他人服务，还可以

给予他人更多的爱与照顾。

这些选择都有一个前提，**就是你想这么做，你有发自内心的意愿。**

一切只是因为**“我选择、我负责、我承担”**，这个阶段将没有人可以质疑你：你为什么要那么做，你为什么不这么做！

当你知道你选择的理由，你便可以坚定地支持自己。如果你有时仍然会有一些担心或者恐惧，为别人的眼光而烦恼，你也可以允许这些感觉的存在，甚至可以与它们对话。

如果你被更多的强烈的恐惧情绪占据，或许你还需要给自己更多的时间，比如你可能需要先体验成为一个活生生的有血有肉的人，或者先成为一个充分的女孩，而非此刻就要成为女人。如果你遇到了困难，或许会对于成长的过程感到混乱和迷惑，建议你积极寻求懂得女性心理的咨询师帮助。

总之，在女性自我成长的过程中，每一个层次和阶段都有其迷人的地方，都有独特的宝藏等待着你去发掘，当你找到它们，它们便会在今后的成长中一路为你发挥助力；如果你为了赶路错过了它们，你就会在下一阶段被卡住，不得不倒退回来继续发掘。

当然，我们在正常的成长过程中，也存在自然的摆荡，这并不意味着发展的倒退。这种摆荡的过程是相对短暂的，有时甚至是一闪而过，并不会长期停留于此。如果我们长期被困在某个地方，说明这里面有重要却未被识别的部分吸引我们停留。

前面我们说到成为女人的 3 种功能：自爱、被爱和爱人，接着我们来说成为女人的 3 个重要的特点：**满足、渴望和接受**。满足是从女孩的体验中自然发展出来的功能，带着渴望并行动是女人最明显的功能，而接受是停下脚步，有选择地向内看、停歇和后退，是为后续成为母亲的角色做准备。

这 3 个特点都是因为有了 3 种功能的相互滋养，因为饱满的爱，在心里自在生长、源远流长，才有了灵动而充盈的女人。

二、因满足而选择：进退由我，不需要证明的自我完整

因满足而选择，是指当一个女性在做出选择时，她已经为此感到满足。

与满足的特点对应的在女孩阶段发展出来的功能，因为充分的自爱和被爱，感觉到了内心洋溢出来的满足感。

比如，当她选择跟一个男人恋爱，不是因选择之后男人对她好才感到满足，而是做出这个选择的她，已经同步感觉到了自己的爱所带来的美好。

再比如，当一个女性买下一件衣服时，她是喜欢这件衣服的，所以她想拥有它，她跟衣服之间有了某种美好的体验，而非仅仅是缺了一件衣服，或者是因穿上这件衣服会如何出众。

这让很多人容易误解的是，女人如果在意现实，就关闭了感觉的世界。实际上，刚好相反，女人之所以可以在现实里活

出自由，是因为她们的感觉也是丰满的。

我有一位来访者跟我谈及她跟闺密去买包的过程，闺密的老公给闺密买了包，而她的男朋友并没有给她买。

她说："换作以前，我会非常难过，觉得他不爱我。这一次，我摸着我喜欢的包，外面是舒服的皮毛，打开包，手伸进去，是非常柔软的皮，那种体验我永远都记得！"

她跟我重复讲述那个过程，脸上在放光，我的心都要被融化了，她跟包的接触，是多么美好的体验啊！与这样的体验相比，她有没有买下这个包，真的不再那么重要了。她拥有了更宝贵的东西，是拥有这个包的体验。

她跟我说"有钱真好"，这不仅仅是普遍意义上的金钱，而是钱可以让她靠近她喜欢的美好事物。这显然跟很多仅仅为钱奋斗，而没有拥有过关于钱的美好体验的人是不同的。

她还说"不要男朋友买包了，但男朋友答应帮她报一个更贵的学习课程"，因为这样她就可以用未来更高的收入来买很多这样的包了。

我们来慢慢感觉一下这位女性，她虽然没有买到包，但她体验到拥有包的美好感受，她仍然想要获得帮助，成为一个为自己买包的女人，这个过程呈现出了灵活的、清晰的、稳定的自我支持。

这位女性过去的大多数关系感受，都取决于他人对待她的方式，由此来判断自己是值得被爱还是不值得。所以，她时而因为被拒绝、被冷落、没有得到想要的回应而非常愤怒，时而因为对方积极回应而过度兴奋，情绪被迫在两极间摇摆，没有空间发展自己的主体结构。

而当她进入体验的世界，慢慢打开内心的感受和空间，才发现有一些美好本来就存在，她便可以离开剧烈的情绪颠簸的旋涡。

所以，**女人的满足，并非所有的需要都得到了满意的回应，而是指我们内在体验里感到满足。这跟他人对待自己的方式有关系，但并不完全取决于他人，而是取决于我们是否打开了体验世界的这扇大门。**

我的一些来访者常常会在咨询的某一个阶段告诉我，她们感觉自己太难了，从来没有被人好好爱过。而到了另一个阶段，当很多过往经历中的感觉浮现上来，她们又会感动地说："原来我也被爱过，我差点都忘了！"

另外一个是我自己的例子。我过去很喜欢被认可，我甚至会为了他人的认可去做可做可不做的事情，但是真正做这些事时我的感觉并不好。

当我很多次体验这种违心的选择之后的不快时，有一天，我发现自己可以做出不一样的选择了。面对一件我不想做的事，哪怕我可能会得到认可，我却无法行动。

在这些推不动自己的时候，我去感觉自己，也体会到自己的不愿意，终于我学会了允许，不再强迫自己。

现在我仍然喜欢被认可，但几乎不会为了被认可去做选择，而是跟随内心的意愿；我不再需要别人看到我做了什么而觉得我很好，而是我更需要沉浸其中，带着一种更好的感觉去行动。

我们同样在做一件事情，外在和内在的世界虽然紧密相连，却有着巨大的差异。放在女性身上，我们会看到很多同样创造价值的女性，当感受体验的世界干瘪，就会感到疲惫和无力，而如果情感的体验是丰盈的，就会产生源源不断的激情和活力。

同样，从这些丰盈的体验出发，我们也可以用来区分爱的层次。

艾里希·弗洛姆在《爱的艺术》中写道：幼稚的爱，是因为我需要你，所以我爱你；成熟的爱，是因为我爱你，所以我需要你。

这两者的区别在于，成熟的爱是爱的体验作为前置的体验，而非因现实需要而起，先从体验里感觉到了爱，再有爱的需要和行为。这样，无论你做什么，付出什么，都是因为爱，在你做出选择去爱时，你已经得到了一切。而幼稚的爱刚好相反。

有很多人迷失在爱的世界里，声称自己太多付出、牺牲和辛苦，恰恰是因为他们关闭了自己爱的体验。所以会很用力地去爱，在这样的爱里没有美好，也没有爱的体验，所以才需要很多的反馈、回应和结果来证明爱存在。

当爱已经在一个人心里，自然地流向另一个人时，这种带着饱满情感的体验，本身就是一种完整，无须任何证明。当你去爱别人的时候，爱已经回流到你的心里，爱的行为就是一种得到，爱的选择本身就是一种滋养。

所以，当女孩可以像成熟的女人一样去爱时，这是一种很高级的情感功能，代表着一种经由自己确认的主动和意愿，是一种自我完整性的展现。

三、因渴望而行动：真实力量的溢出，聚焦、行动、持续出结果

如果要把心理意义上的女孩和女人做一下区分的话：**女孩的属性是在满足与不满足之间摆荡，一个发展出自我力量的女孩会通过增加行动属性来终结前面的摆荡，而到了女人的角色又会增加接受的属性来中和必须要行动的偏执。**

所以，**在一个成熟的女人角色里，是涵盖了满足、行动和接受 3 种属性。**这一节我们要谈到的行动属性，是什么样的渴望让人魂牵梦绕，且可以让人行动？

女性的行动属性具备强大的内驱力，这跟自爱和爱人有关。

自爱，是相信自己值得被爱，并且可以好好地被自己所爱，因此自己的需要可以被重视。爱人，即爱他人，是心里住着一个所爱之人。

自爱和爱人的结合，就是心中有对自己的爱，也装着对他人的爱，相当于一片稳定而结实的土地，开始梦想和设计着一

幢拔地而起的高楼，忍受漫长的孤独和无聊，一层层砌起现实的大厦。

有人会疑惑，为什么不是被爱呢？女孩发展出力量的位置，恰恰是爱没有被充分满足的地方。有了被爱的体验，但不会多到淹没一个人的欲望时，发展力量的动力就出现了。

这相当于，女孩要么是满足的，要么是不满足的，需要他人来满足更多；而女人是有部分满足的，但仍然有部分不满足的地方，让她们寻求一些自己的方式去满足，这可能是小到现实物质层面的满足、环境的改变，大到关系的变化、自我价值的实现，也可能是更高层次的内在追求。

女孩阶段的不满足的部分，长出了女人的行动属性。她们不再惧怕孤独，不再担忧要独自走过一段心灵的夜路，而是开始带着自己不被理解和未满足的欲望，在一段孤独的人生旅程上继续前进。

我有一位来访者在这个阶段的梦境里出现了鬼，她看到女鬼，而且是厉鬼。与鬼的意象相对应的，恰恰是她内心对于追求自我欲望的恐惧，是做一个柔软的女孩吗？还是要充分展现自己的能力，成为一个很厉害的、让她也感到陌生的、像女鬼一样的女人？

这部分自然发展的渴望与内化的性别角色是有些冲突的。渴望是源自自我夯实的自然发展，惧怕是源自社会传统的眼光，还包括男性对于一个有欲望的女人的恐惧。

所以，当很多女性越来越多地感觉到自己内在迸发的女人力量时，她们开始体会到作为一个女人真实存在的主体需要。比如对关系的需要，对亲密的需要，对照顾的需要，对性的需要，对生活乐趣的需要，对创造自我价值的需要，等等。

当这些需要跟传统的文化和眼光相冲突时，她们一开始会对这些需要感到不自在，甚至因为羞耻而掩饰这些需要，或为了平息冲突去压抑这些需要，导致它们像昙花一样转瞬即逝。

然而，根据女性的发展历程来说，这些真实的需要终究是无法被抑制的，如果抑制的需求极其顽固且强烈，女性很有可能会无意识中选择“自残”或“自毁”的行为。

比如，我的母亲在她自我欲望最强烈的时期，意外失去了半根手指，从此她只能在心里把自己矮化半截；英国著名小说家维吉尼亚·伍尔夫，每成功写完一本小说就要爆发一次精神疾病，她把自己的优秀藏在了疯女人的壳子里；我的一位来访者在她自我意识觉醒的阶段，被查出患有甲状腺癌，她不得不因此放慢脚步。

这些看似意外的玄机，恰恰印证了女性展现自我力量的艰难心理过程，这相当于一次爆破自我主体结构的彻底重建。

从女孩到女人的行动属性，发展是最难的，一旦行动属性发展稳固，一个真正的女人就破茧而出了。

当然，这不包括没有经历女孩阶段直接以行动取胜的“男人化”的女人，没有体会过女孩阶段的饱满情感，就不能有持续的行动力。

在我的女性成长评估中，我把女性的持续性看成一个重要的指标。要达成持续性，需要自爱的基础和饱满的爱的体验，并且这些体验都要发展到达稳固的顶端后才能回撤，既不会有特别浓烈的兴奋情绪，也不会有特别浓烈的负性情绪，才有了持续行动的中间空间。这跟我们在第五章谈到的理智与情感整合的 L_3 路线是一致的。

持续行动，意味着女性有了自己的主心骨。比如以前喜欢埋怨或喜欢冲突的女性，一下子变得安静下来，遇到事情也不再慌张，而是自己开始思考、做决定，独自承担和解决很多问题。

这时候，女性的自我价值将迎来最佳发展阶段，并且这种价值发展是可持续的，内心开始有一个个清晰的目标出现，且不再是说说而已，她们会着手计划安排，一个个去实现它。

要注意的是，很多人在这个阶段也会产生怀疑，内心会有一种不再言说的困扰，比如会想如果换一个更好的伴侣会不会更好，是否可以更好地指引我，我就不需要再这么难了。

实际上，这个发展的过程，可以顶破天花板最大的动力恰恰是因为“不满足”，唯有带着爱的“不满足”，可以促成持续行动的发展和稳固。到最后，即使你满足了，行动属性也不会停歇，因为这已经内化成你自己的一部分，你需要这样做，而非因为缺乏什么才这么做，是你需要在这样的受限中才能长出“中间的结构”。

所以，在成为一个真正的女人的路上，那段蓄积和展现自我力量的时光总是孤寂的，你会一次次独自描画心中的蓝图，在一砖一瓦中运筹帷幄，一天天百炼成钢绕指柔。

四、因接受而自由：另一种得到，从臣服和敬畏中看见自己的渺小

如果说上面的行动属性象征着前进的话，接受的属性便象征着后退。

女人接受的属性源自被爱和爱人，当一个女性感受到自己真实的力量，并且可以持续行动之后，她从这些过程中确认了自己的力量，同时也看到自己的成功有着某种偶然性，有一种更具有包容性的巧合，或是他人的成全和帮助，是因缘和合的结果，她便能体会被这个更大的时空所爱而接受自己的渺小。

渺小让她反过来可以回归内心深处，去拥抱自己所有真实且脆弱的情绪和情感，同时具备了深度共鸣他人的能力。

这就是一个女人可以拥有力量却不困于力量的原因，可以获得心灵自由以及成为母亲角色的心理基础。我看到有很多女性为亲子关系困扰，努力学习很多育儿方法却越学越混乱，是因为她们没有先成为女孩再成为女人，所以从心理功能上她们还做不了母亲。

母亲必须是内心充盈的，体会过爱与被爱的，被爱让她可

以接受自己的渺小，让她可以带着爱在关系里后退，为孩子留出足够的成长空间。

这样的空间，对于两性关系的发展也同样重要。当女性走到关系层后期的自我实现的阶段，展现在关系里的冲劲就会回落，力量开始在自我行动上体现。当力量在社会层发展到达稳固，力量不再无限地向外扩张，而是开始回收，力量便开始向内渗透，静水流深，以一敌百。

接受自己的渺小，是一种最强大的力量，你不再畏惧，不再计较得失，是一种把自己“交出去”的深深臣服。臣服于万物的运转规律，臣服于更大的生命与自然。

就在几个月前，有一段时间我生活的一切都在快速地发展着，我却感到无端的害怕，我在直觉探究的课程中冥想，看见在我的肚子里，有一道巨大的瀑布，宽大的、汹涌的、飞流直下的瀑布让我深感震撼。

我仿佛看到巨大的生命的洪流奔腾不息，听见瀑布在说：“像我一样，无所畏惧，让你的生命之流奔腾起来！”

在这种汹涌面前，我感觉到了害怕，我问自己，你怕什么？我听见自己在说，怕我不能掌控的力量。

我跟这些害怕的感觉在一起，跟随这些感觉流动，去体会它、感受它，却从中感觉到了一种前所未有的安全，我想起了一个词叫“敬畏”。偌大的生命洪流，奔腾而下的瀑布，让我看见自己的渺小，而渺小让我安全。

另外一种接受，是接受自己的无力，这是特别难的。我做两性关系的咨询，看见很多女性在关系里非常痛苦，她们在关系里很努力，时常对伴侣感到愤怒，愤怒所掩盖的是她们深深的无力。

接受无力，意味着在现实中落地，承认自己无法改变对方，更不能改变关系，这就落回一种真实的关系里。**关系的奇妙之处恰恰就在这里，当你承认自己无法改变一个人时，关系却常常因此发生改变。**

因为无论女人还是男人，都有作为人的许多共有体验，也包括很多脆弱的情绪体验，当你体会过自己深深的无力，只得面对自己不想要的又不得不接受的结果时，对于他人你便有了更多的允许和接纳。

当一个女性允许自己展现力量，也可以接纳自己的渺小和无力时，便可以允许男性也同样有着这两个部分的呈现，这是柔软和力量交汇之处，也是男性和女性相处的平衡之道。

在携手共进的关系深处，并没有男人和女人的差别，每个人都是柔软和力量皆具的完整所在。

这才到了我们平常所说的相互支持、相互理解和接纳的位置，对于绝大多数女性和男性来说，这无疑需要走过很长的一段路才能到达。

女性成长的一个阶段的结束，是作为一个不需要强调身份角色的女性，去靠近那些对你而言重要的人和事。这时候，对于女性，才真正到达了一种心理意义上的男女角色平等。

这对于女性并不容易，而男性的发展也是一样的。许多男性也一直在寻找女性的力量，帮助他们去爆破男性被固化的僵硬。女性成长的文化背景，决定着不允许自己强；而男性成长的文化背景，决定着不允许自己弱。

当女性被迫活在仰望的世界里，男性也相当于被迫活在被仰望的世界里，其实两性都在经受着一种性别困境的封锁，无法活出关于“人”本来的自由。

所以，男性和女性，其实都需要走一条同样的路，就是不被性别所限制的路。

当一个女性走完自己的成长历程，她便可以带着自己的完整，去遇见另一半的完整。**这是一个男性和女性共同的新起点，两个有血有肉、有生活乐趣、有情感、有力量、有容纳功能的人，既可以各自形成一个独立的圆圈，又可以共同组成一个新的圆圈。**

这时候，你内心将变得安静，没有恐惧和焦虑，像万籁俱静的深夜，也像阳光普照下的晴空。当你确认了自己的性别和角色，又不再局限于你的性别和角色，仅仅是作为一个人，你对自己还有怎样的期待呢？

五、作为终点的新起点：人生是交替的舞步，没有得失，只有转化

对于女性的成长来说，我觉得有两个非常重要的词汇，一个是主体性，另一个是完整性。

主体性，是指一个人开始具备关于“我”的意识，体会到“我”作为一个独立的主体存在，不再由环境和关系来决定自己是谁、应该做什么，可以有自己不同于他人的想法、需要或渴望。

完整性，是一个人在努力追求更好的自己、关系或自我实现的过程中，开始意识到个体始终存在于更大的自然规律之中。存在本身就是一种完整，于是不再执着于从外界获得所谓更多或更好的东西，放下选择和平衡的困难，回归当下，安住于内心。

主体性，让女性突破他人眼光限制和道德的枷锁，感受到自己作为一个独立的人存在的需要，敢于展现自己的力量；完整性，让女性可以松弛下来，体会到自己内在的丰盈和自由，看见、接受和容纳事物的不同面向，也更深刻地接纳自己和他人。

主体性是自我独立的需要；完整性是自我整合的需要。主体性是完整性建立的前提，没有主体性，也就没有完整性。

我去见一位朋友，朋友跟我讲了一个身边的故事，一个做

餐饮行业的老板，因为前几年生意很火，抓住了机遇，很快赚了许多钱。进一步扩张时，刚好遇到了行业整顿，资金出现问题，他找人借了几千万，然而又因为疫情影响，生意一直受限，现在抵押了手里所有的产业，还欠别人上千万。

从这个例子来讲，主体性就是这个老板主动想要做到的部分，可能是对成功或财富的追求，也可能是对某些欲望的执着，还可能是一种对内在初心的坚守。

而完整性，是不仅看到自己，也看到他人，看到自己身处的世界，看到许多事物冲突的两面存在于一个整体里，就像阴与阳、爱与恨、独立与依赖、执着与放手、白天与黑夜、波涛汹涌与静水流深，像一个跷跷板上下摆荡的两端。

于是，我们要膨胀和实现自己的功利心开始下降，要去做出个人贡献的执着心也开始后退，你只是存在着，作为万物变化与转化中的一个角色、一条通道或一根接力棒，自然地做着你能做好的事，像只老乌龟慢慢前行。

我对于这个老板的故事并不感到意外，每个人的人生都在经历这样的过程，从无我到有主体，再体验到主体的局限性，再由此看到世界和自己本身存在的完整性。

这很像觉悟的 3 个阶段：先从“看山是山，看水是水”；到“看山不是山，看水不是水”；再回到“看山是山，看水是水”。

最开始看到的山水是蒙昧状态，眼睛看到山水，心里却没有山水，跟自己互不关联；接下来的“不是”，是因为参与了个人的意识和执着，有着很强的欲念和投射，什么都变了；最后的山水，是褪去我执，仍是山水，却是自己可以看到的山水本身。

在这种真实里，没有什么需要刻意追求，你在这里时，也会同时看到那里，等你到了那里，也会记得这里。每一个当下、每一个选择、每一个结果，都存在于一种完整里，无须去掉一个去追求另一个。只有在完整里，才能活出体验饱满的人生，不再感觉内在的匮乏。

看看，真不容易吧！**要走好远好远的路，才可以安稳地在自己内心里歇息。**再回头看，我们到底缺了什么呢？**我们其实什么都不缺，一直都是如此。**

那些原生家庭的伤与痛，那些情感或关系里的委屈或无奈，那些认为更好又达不成的目标，那些现实世界里永不满足的欲望，仿佛不断地告诉我们要得到更多，然而真相又是什么呢？

从你身处的当下，到达另一个地方，都存在于一种自然的流转之中，重点不在于结果的得失，而在于转化过程中你获得的体验。

在我的一些长程咨询的来访者中，我看到他们为体验到的沉甸甸的收获而惊喜，远超最初想要获得的结果和改变。因为，走过这一条长长的路，看到了那些闪闪发亮的金子正躺在他们的生命长河里，成为一笔无价的精神财富。

女性从心理的发展上到达社会层，这是一个成长阶段的终点，又将是一个新的起点。

这时候，我的脑子里总会浮现出一棵大树，粗壮的根稳稳地扎在大地深处，结实的树干笔直地向上生长，茂密的树冠迎着阳光自在地伸展……

第十章

女性超越个人存在的意义：无须选择，一条通往远方的路

就在我学会了该如何生活的时候，生活却改变了。

——休·普莱瑟

选择，是以人为主体的，是情感和理智整合的结果；无须选择，是把人放入更大的时空和宇宙中来看，是把事物的发展还给自然。

我们常常以为自己做了很多，选择和改变了很多，实现和成就了很多，甚至某一天你可能会忘了你是谁，但又总会有一些事情发生，让你敬畏，然后更清楚自己是谁。

我想到我儿时 3 次穿越生死的经历，活下来并非我的选择，而是命运把我推到了这里。

同样，我曾经被很多人温柔地托举，他们用爱浇灌我成长，不是因为我是谁，不是因为我做了什么，而是他们来到了我身边。

同样，我今天对于女性成长的领悟和思考，也是我的来访者给了我很多信任，我在陪伴他们成长的过程中获得了大量的启发。

这一切，都不是我的选择，而是一种我称之为“更大的力量”的促成，它看不见摸不着，却对我们的生活发挥着巨大的影响力。当我每每遇到一些困难，并心生抱怨时，我会想“其实我并不是承担最多的，这些更大的自然力量才是”。

我并不认为一个人可以只靠自己改变什么，这并非宿命论，只是相信一切的选择和资源的促成，都是因缘和合的结果。

比如我是一名心理咨询师，也是一名心理作家，有一部分来访者和读者遇见我，他们可能会有一些收获或改变，然后又会影响到身边的环境和关系。这些作用得以发生，是所有的效用因子都在同一条轨迹上起效了。

走到社会层，对于很多女性来说，已经足够远了，这是一个可以兑换幸福和自由的站点。但对于一部分女性来说还远远不满足停留于这里，她们又将重新启程。**因为一个人能接收和储存的爱是有限的，如果心里装满了，自然就会流向更大的世界。**

所以，我认为如果仅仅把女性从性别的角色去定义，或许把男性作为参照去定义女性，再或者从个人和社会价值去定义女性，都是远远不够的。

当女性突破了成长的阻碍，走向更广阔的世界时，这对于女性本身，对于她的关系，她的家庭，以及她存在的社会关系和整个世界，都有着更宽广的意义。这个世界里将有更多的女性力量出现，男性和后代们的世界也会更加平衡，这是一种影响更深远的意义。

这一章超越的议题属于自我探索的浩瀚宇宙，迎接我们的是夏夜星空中无数的闪烁繁星，我相信总有一颗值得你终生去守护，你的热爱也因此会在整个夜空下流淌。

当一个女性属于个人的议题和内在冲突走向完结，性别角色到这里便不再明显，她最终要完成的是走向完整的存在使命。

与这个阶段终点相对齐的，就是生命的终点。如果一个女性在走出关于“我应该”的困惑之后，还有足够多的时间来探索“我愿意”的议题，**当她的生命走向终点时，她或许能感觉到自己不仅仅是一个女人，还有作为一个大写的人存在的圆满。**

尽管对于每一个人来说，可能会以不同的方式建立跟这个世界的连接，但在内心流动的美好的词汇一定有一些是相通的，像爱、担当、无我、敬畏、慈悲、奉献……

在这一章里，我会跟大家一起尝试探讨关于爱，关于做一个母亲，关于生活的控制与平衡，关于助人的本质，关于回到你的内心……

无论如何，要回答这些问题都不用思考，而是一种自然顺应的结果。

我会想到童安格的《梦开始的地方》:

“浩瀚夜空遥远的角落，挂着一颗蓝蓝的星球缓缓地转动，春夏秋冬一切好像不会更改，但就在你我不经意之中，最美好的已失落……

“生命就像蜿蜒的江河，慢慢流过岁月，人来人往，有些爱永不更改，在你我忘了珍惜的时候，最美好的已远走……

“能不能把碧绿还给大地，能不能把蔚蓝还给海洋，能不能把透明还给天空，梦开始的地方，一切还给自然……”

我们面对生活铺展开的画卷，不再费力去选择或追逐，而是追随自己的本心，回到起源，回到爱与连接里，不疾不徐，随风摇曳。

一、活在爱的世界里：看见爱、接收爱、给予爱

我二十出头时很喜欢易经，自己算卦，可我最不喜欢的是坤卦。我知道厚德载物是极高的境界，感觉里却是排斥的，我知道那里有我内心的挣扎和反抗。

那时的我，特别需要一种“看得见”的存在感，如果只有阴，没有阳，就好像什么都没有，相当于没有存在过一样，就像花朵还没有开放就凋零了。

现在的我反而觉得最美非坤卦莫属，阴所代表的不是不存在，也不是自我隐藏，而是以一种自然的、顺应的方式存在，以一种不标榜或烘托自己的方式存在，一种在体验的世界里存在，活在爱与连接的世界里，作为一个能量传递和转化过程里的有机体存在。

我过去在关系里总是被很多冲突占据，我不敢让自己去体会爱与被爱。后来有一次我感到很烦躁，便邀请一位朋友陪我

静坐，在那个空间里，我感觉到一种强大的被陪伴的力量，我全身心地感受着我被朋友陪伴，我也陪伴着自己，这是一个新的时刻。

我感觉我们如此靠近，我感觉心里好像有一扇门突然打开，内心涌动着温暖的热流，这就是爱，拥有无穷力量的爱，在那个纯粹的无关现实和未来的空间里流动。

后来，我把这样的体验带到了许多女性来访者的咨询当中，我深知如果我能在当下安稳地陪伴一个人去体验她的任何感觉和情绪，这种新的人际关系模式就会被内化，成为她可以去安全地感受爱、接收爱和给予爱的基础。

女性的成长是一个奇妙的旅程，正如我们在前几章中谈到的，有很多女性有着非常曲折的经历，以及深度的创伤，我们可能有时陷入痛苦、怨恨、愤怒和对这个世界的不满当中，我们也可能因为深深的无力而苛责他人或攻击自己。

尽管如此，某一天你仍然可能选择对这个世界释放更多的善意。

只因为你愿意，你被爱过，被好好重视过、珍惜过，你的内在爱的通道已经开启，你便可以活在爱的世界里。

有一个看似是谬论却屡屡被验证的关系真相就是：当你不再匮乏时，爱就会萦绕在你的周围。

因为你进入了体验的世界，不再向外求爱，而是去体验爱。

所以，当世间每多一个女性感受到爱，便可以释放出更多

温暖圆融的力量，这是整个世界的福祉。

我在通过直觉探究来找寻女性力量的象征时，找到了一个最具代表的物件就是艾条。

艾条由称为“纯阳植物”的艾草制成，李时珍在《本草从新》中记载道：“艾草苦辛，生温，熟热，纯阳之性，能回垂绝之阳，通十二经，走三阴，理气血，逐寒湿，暖子宫，以之灸火，能透诸经而除百病。”

它看起来平凡普通，不太起眼，却能渗透肌理，功效显著，这就像女性阴性的力量，不用彰显什么，却跟太阳的阳性力量同等的强大。

女性若能意识到自己感受爱的能力，是世界最可贵的无价之宝，看见爱、接收爱，就像艾条被点燃一样散发温润而渗透的能量，她知道自己所拥有的强大力量，懂得珍惜自己的宝贵，这就找到了源源不断去给予爱的泉眼。

二、终结代际传承：变革的勇气和决心

有一位来访者跟我谈及她女儿时说：“我知道自己的成长经历太糟糕了，我原以为我不管她，她便可以自己成长得好一点，不再受我的影响。可是，我发现她自己真的是长不动的，只有我每向上长一点，她才长一点，她一直在跟随着我。”

她说出了太多父母的困境，我看到无数的父母把孩子送进

心理咨询室，希望孩子得到很好的帮助，但他们却忽略了一个事实：**孩子的心理成长一直在跟随着父母。**

如果父母掩盖自己的脆弱和无奈，希望孩子独自往前冲，孩子只会一直躲在父母的身后；如果父母每向前突破一个自我阻碍，孩子几乎同时就可以到达。

注意，我们这里所讲的不是现实里能做到什么，而是人格结构。有的父母很成功，赚取了很多财富，但是他们的孩子却不热爱学习，甚至找不到活着的意义，这可能会凸显出一些未被父母意识的深刻真相，父母是为了什么活着。

比如，父母有好好为自己活过吗？父母重视过自己的感觉吗？如果有，那父母一定会理解孩子在经历什么，父母会从自己面对脆弱和失败的经验中找到帮助孩子的经验。

前段时间我跟我的同学讨论，同学说："现在很多父母在养育孩子上真的很无能，导致了这么多的问题孩子。"我说："我看到更多的是无力。一代代的匮乏养育，最终倒下的多米诺骨牌总得有人承担，目前承担最多的就是这些孩子。"

过去生活条件很艰苦，20 世纪五六十年代出生的人，是以现实结构来养育，它们虽然情感功能不怎么样，但现实结构很扎实，也很少在家庭里缺席，他们大多属于社会倒挂层，为了生计奔波，对情感的需求很少。

再到七八十年代出生的人，仍然还是以现实结构为主，他们的父母忙于生计，忽略情感，但是家里常常有爷爷、奶奶、外公、外婆，这些角色是充满情感的，所以也是有较多冲突的一代，也开始更多地意识到自己对情感的需求。

这就到了一个关键的整合阶段，许多“70 后”“80 后”出生的父母，因为对情感需要的重视，会把自己不曾得到的满足过度给予孩子，导致“90 后”“00 后”出生的这部分孩子现实结构的软化，再加上目前大众心理学对养育宣传上的偏颇（过度强调爱和自由），也给父母带来了太多的焦虑和压力，越来越多不堪重负的父母，便用对孩子的过度现实满足去弥补内心的亏欠。

在现实巨大的压力之下，孩子缺乏爱，父母也缺乏爱，大家都格外用力，可养育系统正在崩溃。当这些缺爱的孩子进入亲密关系，开始组建家庭，问题又会继续在下一代延续，这就是代际传承的影响。

回过头来，女性要如何去爱孩子呢？如何做一个有益于孩子成长母亲呢？

最重要的是，母亲不是要跟书籍和他人学习如何养育孩子，而是必须意识到自己的重要，比孩子还要重要。母亲要先把足够的资源用来照顾和成长自己，让自己体验到爱，才能把爱给到孩子。

因为爱和养育不是一种技巧和方法，而是源自一种自我体验，没有人可以直接教会你，你必须火中取栗，越过那些你最想回避的个人经历，把自己曾经被丢弃的孩子部分找回来。

比如，如果你做错了一件事，你会如何对待内心的那个孩子？如果你恐惧或者焦虑时，你是否有一些经验让自己安定下来？如果你感到无能为力，你又如何允许和接纳自己？

孩子，是天生的疗愈者，我们可能在过去的经历里受伤，孩子也会在我们这里一次次受伤，他是我们的一面镜子，让我们看到自己的伤痛和无助，于是我们开始觉醒，并有勇气去改变一些顽固的东西。

有很多女性做母亲的角色非常辛苦，是因为她们没有好好作为孩子被爱过，就扛起了做母亲的责任，她们付出很多，爱却给不出去。**然而，母亲这个角色，又是最有可能改变女性一生的角色。**

有很多的女性一开始并不觉得自己重要，但是当她们看到自己孩子的痛苦时，她们却可以为孩子而觉醒，这就是母爱的伟大，也反过来救了母亲自己。

当母亲经由自我成长，成为一个活生生的人、女孩以及女人，她们的人生会重新经历二次生长，不仅可以不费力地去爱孩子，也学会了爱自己。

我有一个来访者跟我咨询了半年，之后她惊奇地告诉我，孩子已经从情绪暴躁、时常崩溃的状态，变成了一个情绪平和、充满勇气、积极上进的孩子，孩子告诉妈妈："我越来越喜欢自己了！"妈妈说，看到女儿有这么大的转变，简直不可思议。

是啊，母亲就是能起到四两拨千斤的作用，当母亲开始回头看见自己、理解自己、照顾自己，卸掉那些不需要自己承受的重担，孩子身上的担子就变轻了，他们自然就会回到该在的轨道上。

同时，一个认真面对过自己成长匮乏的妈妈，就具备了丰富的帮助孩子的资源。有些困境当妈妈突破了，孩子就不需要再经历了。

每一个觉醒的女性，都注定会成为变革的一代，拥有不想再让孩子经历同样养育匮乏的勇气和决心。如此，又会反向增加我们去面对自己、活出自己的勇气和决心。

说到底，爱已经不仅仅是爱，是我们需要走在孩子的前面，去探索作为一个人要如何活出自己的人生意义，去突破困住自己的羁绊，去感受这个世界的爱与美好。

在这些路上，我们一直都走在孩子的前面，而孩子给了我们前行的勇气。

三、善用女性的优势：一条通往远方的路

在超越的议题里，我们需要突破生存的危机感，回到存在本身，看到一些女性本来的一些优势，比如柔软的本性，更具包容和耐心，更多的善良和怜悯，不鼓励冲突和矛盾，向往和谐的关系，为分歧寻找解决之道，等等。

有一个值得好奇的位置在于，女性的力量显现似乎远不限

于当下。

就拿我的母亲来说，在我人生的前 30 年我都无法理解她，甚至对她感到厌烦，我不明白她为什么宁愿活得不幸福，每天抱怨、生气却没有勇气离婚。我觉得她很懦弱、不勇敢，没有好好为自己活过，那是我作为孩子的眼光。

然而，今天当我越来越多体会到母亲这个词的分量，身上扛着家庭的担子，同时心里还装着未尽的梦想时，我才理解原来她一直知道自己要什么。她一直在为家庭寻找出路，她没有放弃自己的孩子，她并没有退缩，只是需要时间才能看到局面的扭转，而她一直是那个掌舵人。

当然，这并不代表我认同母亲的许多做法，我所指的是一种精神，她对于寻找甚至创造一条全新的、更远的路的信心一直都在，她用结实的骨架撑起了整个家庭的有序运转……

而在我的女性来访者以及她们的母亲那里，**我也无数次看到，女性作为一个家庭主心骨的角色从未缺席，也包括那些表面看起来极其脆弱的女性。**

我并非要强调女性相比男性的重要性和优越性，而是明确女性有着独立于男性之外的优势和意义。这是事实，只是这些部分太容易被忽略、被误解，于是，很多女性的做法仅仅被理解为忍辱负重、自我牺牲或者不够勇敢。

女性天生适合做女王，只不过是“外圣内王”。当很多人仅仅把一个女性定义为“为男人而活的女人”时，很多女性却可能已经开始在为整个家庭谋划了。

我们甚至可以大胆猜测，对于女性主体意识的发展，男性是惧怕的，于是才有了男尊女卑的文化限制，才有了一些男性不惜用所有精力去压制女性。

所以，我时常在想，这些外在的眼光是不是也经常阻碍女性去看清自己，不敢确认自己的优势。那如果女性看到自己的优势会怎样？以及可以进一步发展自己的力量，又会怎样？

一定会有越来越多的女性不再妄自菲薄，不再苦苦寻求认可，不再跟男性的世界抗争，而是意识到她有自己要走的路，如果她的内心决定要去往哪里，她将可以实现，没有人可以阻挡她。

她在家庭里会少一些委屈和无助，更敢于拥抱自己和家庭的梦想，更能够承认和欣赏男性的力量，更加坚信自己存在的价值。

《道德经》说："上善若水，水善利万物而不争。"不争的境界，就是女性优势特质所在。

不争，不是懦弱和逃避问题，而是在一个更深的层面，如尖刀般深入问题的核心，从繁杂的现实中直面真相，在灵魂的暗夜里觉醒，坚定地选择自己要走的那条路。

当一个女性处在"争"的位置，比如关系里的、能力或者财富的、个人成就上的，说明她的内心是不安的，她正在寻找那条路。

一旦她找到了，确认了，跟感觉对应上了，所有的外界的竞争都将形同虚设，在灵魂深处是没有设限的，有一条大道直接通往你要去的地方。

四、自我照顾与转化功能：无为的助人之路

在我的心理咨询执业之路中，我一直在思考：作为心理咨询师的助人者，我该如何去助人？

我从我的两次经历中找到了一些模糊的答案。

其中一次经历，是在我去年的聚焦学习中，遇到了我的练习伙伴，她是一名优秀的心理咨询师。

然而，在同伴练习一开始，我就遇到挑战了，我们有很多类似的部分，也都很热情，我想照顾他人的部分变得异常活跃。

后来，我的身体跟我唱反调，我习惯性的热情开始减退，我对于理智的表达开始变得没耐心，我甚至有点埋怨她为什么不用自己的身体去体验。

说到这里，我真的感到抱歉，而这个过程于我而言却是宝贵的。

人与人之间真实的连接，本来就是不容易的，因为我们每个人都带着自己的不安以及脆弱的部分。我意识到，我是多么渴望靠近她，而当我连接不上她时，我也连接不上自己，我很无助，我开始生气，开始对她不满。

这样的经历让我反思：**假设在我们整个会面的空间里，我都没有忽视自己的感觉，我可以请她慢一点，请她照顾我的需要，那我在跟她的关系里是否会有不同?**

当我去尝试，我发现这就是关键所在。她可以给我高质量的陪伴，允许我慢下来，细细地体会，慢慢地探索。她告诉我，我去靠近自己的体验，对她也有帮助和收获，这真是太好了。

我意识到，作为一个助人者，把自己照顾好也是首要任务。**如果我能够把自己照顾好，那么我便能面对一切关系里的困难。**

还有另外一个经历，是我的一位来访者给我的。我们工作了近 3 年，我对她已经很了解，在一次会谈中，她谈到其先生的做法时，我开始了我的主观判断，一次次把她往她不想去的地方推。

回想这次经历，我也感觉很糟糕。然而，很多醒悟也正是从最糟糕的体验中来。

后来，我的来访者告诉我："那是我第一次动了不想继续咨询的念头了。你是我的定海神针，我更希望看到你稳定地在这里，这样我就有空间去慢慢整理我的困难。"

她的反馈很重要。我需要先对自己做的事情有所觉察，特别是作为助人者，我们在特别想帮助别人的时刻，其实最需要先稳定地接住自己，才有空间留给来访者，来访者也才有空间留给她自己。

就像大卫·瓦林（2014）在《心理治疗中的依恋》中所说："作为治疗师，当我在自己与患者相关的体验中，有意识地选择采用心智化或觉察的姿态时……当我们注意到自己或者嵌入回避的心理状态，或者嵌入焦虑性的迷恋心理状态时，这种有意识的选择就尤为重要……很重要的一点是能够反思我们的互动——或者，另外一个做法是，纯粹以觉察的方式和我的体验在一起，而不是照此行事。成功地进入觉察姿态中，并且'着陆'在当下时刻，能让我们去'知道'（感觉，感受或者直觉）在我们与患者的互动中，什么是最重要的。"（P441）

这印证了那句话：**当你不再总想着要帮助别人时，你的帮助才会起作用。**

我们面对问题的态度，我们如何为问题留出空间，我们如何通过向自己的体验开放保持对问题产生好奇，我们如何探索问题，我们如何通过理解学会尊重自己的问题，当我们开始能够容纳问题的发生，来访便不再被问题所困。

所以，作为一个助人者，真的是非常谦卑的，我们要不断问自己：对方正在经历的困难，我能从体验里去理解吗？如果能理解，我又是如何对待自己体验里的这些部分的？如果不能理解，我能够放下自己的角色，去学习如何理解对方的经历吗？

我很喜欢心理咨询师这个角色的原因在于，可以做一个终身学习者，向自己的经历学习，向不同的来访者的经验学习，如果学到了、懂得了、看见了，就把这些部分反馈回去，促成对方去理解自己，去消除与自己的隔阂。

助人者，其实也是一个连接者，首先搭建起我连接自己的桥梁，再搭建起我与对方连接的桥梁，对方会借由这个过程，搭建起他与自己连接的桥梁，也搭建起他与整个世界连接的桥梁。

所以，助人者不变的核心是，如何通过不懈的努力，去理解那个在自己对面的人。**当你经由更深的体验懂得去理解对方，你会发现所有建议和指导都是多余的，我们只需要提供稳定的看见和诠释，路留给对方来选择。**

《道德经》中说："见小曰明，守柔曰强。用其光，复归其明，无遗身殃，是为袭常。"

这是我所找到的最好的描述助人者角色的句子。我们不提供光，但我们可以通过细微处，看到对方身上的光，这些看见可以让对方重新认识自己的光，我们就该功成身退了。

世界很大，生而为人，我们能做的其实很有限，但是只要多一点点看见，夜空里多被点亮一颗星星，当我们望向夜空时，也会因为自己所有存在其中的努力而喜悦。

用自己的眼睛去看到光亮，然后把光亮还给这个世界，这是我对助人者角色的诠释。

五、空性的慈悲：那些生命中最重要的声音

我自认为是一个理智功能更强的人，童年生活的环境教会了我如何权衡和选择，然而走到今天，我发现还是我的心赢了。

就如你们看到的这本书，它不是一个理智的结果，而是我顺着自己的心走到了这里。

过去我强调选择，而现在我感觉“无须选择”，有时绞尽脑汁也无法做出一个选择时，你需要的是放下曾有的“武器”，径直穿过头脑的战场，去拥抱你的内在。

人生最难学的功课，大概就是顺应了吧！顺应，是一条通往内心的路。这个世界上最远的路，也就是通往内心的路。

如果你经历过一些个人意识的觉醒，或者有了一些丰富的个人体验，你一定会发现：要走好远好远的路，要追逐好多不重要的东西，要在关系里无数次跌跌撞撞之后，才能接纳一种不再被随意扩充和质疑的简单和明白。归于心，万籁俱静。

我是一个很幸运的人，在我已经过去的大半个人生里，我得到了很多，而这些珍贵的部分都在以一种流动的方式存在着。

从现实的意义里，我得到了，却又失去了。然而，在感觉里却从未失去什么，就像从没有得到。真正留下的，是一些美好的记忆，是那些与自己身心合一的时刻。

相遇是一个美好的词，在这个时空里，我遇到我的来访者，我的老师，我的亲人，我的孩子，我的丈夫，我的朋友，还有

我已经去世的爷爷。还有很多从未谋面却有着关联的人，像我未出生就夭折的弟弟，像我的祖先，像我亲爱的读者。

在今年的大多数时间里，我都跟“空”待在一起，我知道，如果我寻找，现在总会被赋予不同的意义，然而我却不想去定义它们，好像任何定义都是在缩小这些体会的空间。

任何看得到的实际上的东西，所对应的就是“空”。手抓得有多紧，就有多少空，最终任何你用劲抓住的东西都会消失。

这种“空”让我放慢了脚步，变得更像一个孩子，我不再计划以后我要做什么，我可以舒服地跟我现在做的事情待在一起；我不再那么重视结果，只要活在过程里，结果就不那么重要了。

我把一些不用的钱购买了一部分股票和基金，然后不用关心它的收益，赚了亏了都可以，我只是把我的钱交给老天来安排，如果赚了，那我可以去帮助更多人；如果亏了，那说明我的钱流向了另外的人。只要金钱的能量仍在这个世间流动，我就没有亏。

我准备成立一个心理机构，以前我就会小心考虑时机和可行性，而现在，我感觉这就是我想做的事情，无论结果怎样。我想为更多的咨询师提供一个空间，我希望可以让更多需要心理帮助的人找到一个值得信赖的平台。当我带着这份初心，开始做这件事时，我知道我已经成功了。

我想到了我人生的第一位来访者，当时她还是一个高中生，在她考上大学之后来看我，那一刻我明白了，我们之间不仅是咨询师和来访者的关系，我见证了她的成长，也是她记忆里的一部分。

所以，我会希望未来有一座灯塔立在这里，成为更多人生命成长的陪伴者与见证者。

当有一天，他们回望自己走过的路，看到这段经历的时候，如果能够看见一些象征的存在，那等于再一次看见了一个充满勇气和力量的自己，这将是一个可以无限次充电的地方。

我记得在八年前，我在成都的一次人本主义的课上，一位扎着长辫子的男老师给我们讲过一个故事。

在新疆一个孤儿院里，房间并不多，有时会有十几个孩子挤着住一个房间，但孤儿院却一直留着一个空房间。

他们那里的孩子从小就知道："等有一天，他们长大了，如果在外面遇到了困难，无家可归，他们还可以回到这里。这里永远有一个房间在等着他们。"

很多年过去了，没有一个孩子回来住过，这个房间却一直都在。

当作为一个助人者养出很多强大的"孩子"的时候，我想是时候给他们一个"家"了。这是一个他们可能永远也不会再回来的地方，却是一个可以给予他们无限的爱与祝福的地方。

走过了这些年，**我发现那些深深打动过自己的东西，将作为一部分永远留在自己身上，这是流淌在生命底层里最美好的东西。**

我上人格与动机这门课时，美国教授罗伯特·弗雷格说：学习分为两种，一种是外在学习，一种是内在学习。外在学习是所有看得见的知识，而内在学习最重要的是，你要跟自己确认，你生命中最重要的声音是什么？

我所希望可以做得更多的，是向那些打动自己的力量学习，去看见、去追随、去成为，带着生命里蓬勃的爱与热情。

在电影《阿凡达：水之道》中，那威族人在水里埋葬死去的族人时说："所有的力量都是借来的，总有一天要还回去。"

在人生的前半段，我们会渴望得到，要更多的爱和力量，满足欲望和实现更多的目标；而到了人生的后半段，便开始给出自己的爱和力量，最终把自己得到的一切还给世界，还给自然。

正如埃克哈特·托利所说："臣服是一种顺随生命流动，而非逆流而上的简单而又深刻的智慧。"

活在这个流转与变化的过程中，最终所有的迷惑、追求、敬畏与奉献，或许只有自己清楚。这是一个孤独的过程，但是并不孤单。

我的第一任督导康强说过："我们生活在一个多么幸福的年代，我们在家里手捧一本书，就可以跟几十甚至几百年前的先贤隔空对话，探讨他们耗尽毕生心血的成果。"

是啊，无论在哪里，相似的人总会认出彼此。你总会看到在浩瀚的星河中，有人在跟你呼应，即便你们离得很远，但一句话、一个举动，甚至什么都不用说，你就知道你们是一样的。

每当这时候，我就有一种深深的感动，能通过一些思想，遇见一些人，从而照见自己，看到生命存在的各种可能，真好！

写到这里的时候，我回头看着这本书的写作历程，有感慨也有欣喜，能把这些感受和思考写下来，真好！让书籍带着我的热情去遇见一个个熟悉或陌生的你，真好！

今天是我 36 岁的生日，我写完了这本人生中的第 6 本书，我并不知道 5 年或 10 年后的我再回头看时会有何感想，但现在可以确定的是，我为我可以全然投入这一次的写作过程感到满足。

创作的过程也让我更深刻地体会到：**人生是一个自我完整的过程，而非完美。**

谢谢你看完了这本书，感谢你的阅读，你用宝贵的时间赋予了这本书新的生命。如果你有任何感触或疑惑，欢迎你发邮件告诉我（jinyue555@yeah.net）。

让我们在这里停留片刻吧！或许只需要两三分钟，静静地陪伴自己，去关注你的身体和呼吸，看看此刻在你的内心浮现的是什么？

我想到了保罗·柯艾略的《牧羊少年奇幻之旅》，想到那个离开家乡寻找黄金的少年圣地亚哥，看到他带着那颗充满勇气和无畏的心，走在追寻梦想的路上。

一条路从他的脚下往前延伸，前方有爱、金字塔和黄金……有天命和撒冷王……有梦回的老屋……

“心在哪里，你的财宝就在哪里。”去往远方的路，就是你回归内心的路。这或许就是每个人都在修炼的人生“炼金术”吧！

愿你成为自己的炼金术士，看见自己就是无限丰盛的所在。

——近月　2022 年 11 月 24 日

参考文献

[1][英]约翰·鲍尔比.依恋三部曲第二卷——分离[M].万巨玲等译.北京：世界图书出版公司.2017

[2][法]西蒙娜·德·波伏娃.第二性Ⅰ[M].陶铁柱译.北京：中国书籍出版社.1998

[3]肖绍明.从“第二性”发展为主体性的“他者女性”[J].山东女子学院学报.2021，11（6）：26–33

[4]舒辉波.梦想是生命里的光[M].南昌：二十一世纪出版社集团.2022

[5][美]克拉利萨·品卡罗·埃斯帝斯.与狼共奔的女人[M].严冬冬译.长春：吉林文史出版社.2011

[6][美]罗伯特·弗雷格，詹姆斯·法迪曼.人格心理学——人格与自我成长[M].胡军生译.北京：中国人民大学出版社.2017

[7][英]雅基·马森.可爱的诅咒——圣母型人格心理自主手册[M].王丽译.北京：九州出版社.2016

[8][美]卡尔·罗杰斯.论人的成长[M].石孟磊译.北京：世界图书出版公司.2015

[9][美]布兰特·寇特莱特.超个人心理学[M].易之新译.上海：上海社会科学院出版社.2014

[10][美]海因茨·科胡特.精神分析治愈之道[M].訾非等译.重庆：重庆大学出版社.2014

[11][美]凯利·麦格尼格尔.自控力——斯坦福大学广受欢迎心理学课程[M].王岑卉译.北京：印刷工业出版社.2012

[12][美]约翰·韦尔伍德.走向觉醒的心理学——佛教、心理治疗与个人和精神转变之路[M].香巴拉出版公司.2014

[13][美]斯蒂芬·A.米切尔，玛格丽特·J.布莱克.弗洛伊德及其后继者——现代精神分析思想史[M].北京：商务印书馆.2007

[14] [美] 阿琳 · 克莱默 · 理查兹 . 女性的力量——精神分析取向 [M]. 刘文婷等译 . 北京：世界图书出版公司 .2017

[15] [英] 维吉尼亚 · 伍尔夫 . 一间自己的房间 [M]. 于是译 . 北京：中信出版社 .2019

[16] [美] 芭芭拉 · 安吉丽思 . 内在革命——一本关于成长的书 [M]. 龙彦译 . 北京：北京日报出版社 .2016

[17] [美] 大卫 · 瓦林 . 心理治疗中的依恋——从养育到治愈，从理论到实践 [M]. 巴彤等译 . 北京：中国轻工业出版社 .2014

[18] [奥] 维克多 · E. 弗兰克尔 . 生命的探问——弗兰克尔谈生命的意义与价值 [M]. 李仑译 . 北京：人民邮电出版社 .2021

[19] [德] 埃克哈特 · 托利 . 当下的力量 [M]. 曹植译 . 北京：中信出版社 .2013